长高益智食谱

一本就够

唐维兵　顾威　刘倩琦

主编

江苏凤凰科学技术出版社 · 南京

图书在版编目（CIP）数据

长高益智食谱一本就够／唐维兵，顾威，刘倩琦主编 .—南京：
江苏凤凰科学技术出版社，2022.10（2025.06重印）
　　ISBN 978-7-5713-3034-7

　　Ⅰ. ①长… Ⅱ. ①唐… ②顾… ③刘… Ⅲ. ①儿童 - 保健 - 食谱
Ⅳ. ① TS972.162

中国版本图书馆 CIP 数据核字（2022）第 114399 号

长高益智食谱一本就够

主　　　编	唐维兵　顾　威　刘倩琦	
编　　著	汉竹	
责 任 编 辑	刘玉锋	
特 邀 编 辑	陈　岑	
责 任 校 对	仲　敏	
责 任 设 计	蒋佳佳	
责 任 监 制	刘文洋	

出 版 发 行	江苏凤凰科学技术出版社
出版社地址	南京市湖南路 1 号 A 楼，邮编：210009
出版社网址	http://www.pspress.cn
印　　刷	南京新世纪联盟印务有限公司

开　　本	720 mm×1 000 mm　1/16
印　　张	13
字　　数	250 000
版　　次	2022 年 10 月第 1 版
印　　次	2025 年 6 月第 7 次印刷

标 准 书 号	ISBN 978-7-5713-3034-7
定　　价	39.80 元

图书如有印装质量问题，可向我社印务部调换。

主编

唐维兵

南京医科大学附属儿童医院临床营养科主任、新生儿外科主任

教授、主任医师

注册营养师

顾威

南京医科大学附属儿童医院内分泌科主任

主任医师

刘倩琦

南京医科大学附属儿童医院儿童保健科主任

副教授、主任医师

副主编

刘长伟

南京医科大学附属儿童医院临床营养科副主任医师

注册营养师

潘键

南京医科大学附属儿童医院临床营养科、消化科副主任医师

注册营养师

导读

编写本书的各位专家，日常门诊中被家长问得最多的问题就是如何让孩子长高，作为父亲、母亲，家长们的焦虑他/她们感同身受。他/她们从营养学、生长发育学角度指出，身高管理重在日常饮食管理、规律生活。

本书列举了9种长高必需的营养素，不仅有日常营养补充推荐的量及营养搭配的注意事项，还给出相应的补充食谱，让家长活学活用。书中精选210道长高食谱，五谷、蔬菜、水果、肉蛋、鱼虾……食材丰富，常见易买。简单的烹调方式，清爽的调味方法，家长照着做，轻松搭配营养三餐，让孩子饮食不单调，

吃得香，长得高！跟着季节吃，长高事半功倍。春季正值生长黄金期，抓住长高好时候；夏季开胃，不让孩子身高落后；秋季润燥，孩子少生病；冬季储备好能量，长高不用愁。通过日常饮食的营养供给，为孩子健康长高打好扎实的基础。

为了让家长走出认知误区，科学管理孩子身高，南京医科大学附属儿童医院临床营养科、内分泌科、儿童保健科专家强强联手，帮助家长了解孩子长高的关键在哪里，指导家长如何通过营养食谱的搭配，促进孩子长高。借力于专家们不遗余力地科普讲授，孩子将获得阳光般的生长能量，轻松长高。

目录

第1章

长高问题一次说清楚

1

第3章

三餐搭配好，身高不掉队

粗细粮搭配，给肠道添活力

每天吃蔬菜，视力好、身体棒

第4章

四季长高食谱

第5章

少生病才能长得高

预防便秘：营养好吸收，身体更轻松

健脑益智：轻松学习，快乐成长

预防肥胖：控制能量摄入

即使父母双方都不高，
做好身高管理，孩子也能长出大高个。
本章节内容都是结合儿童医院最近几年的临床实践，
用浅显的语言帮助家长了解身高对孩子未来、心理的影响，
以及孩子长高的关键在哪里，
应该从哪里"发力"，要避免什么。
当家长真正了解了科学长高的"秘诀"以后，
焦虑自然就不存在了。

第 1 章

长高问题一次说清楚

不要让身高给孩子的未来设限

　　小的时候，人人都会憧憬自己的未来，幻想将来考什么样的学校，从事什么样的职业，而在升学、报考专业和应聘工作时，身高有时会是一项重要的指标。当孩子德、智、体、美、劳样样优秀，却因身高的1~2厘米之差与梦想失之交臂，那就非常遗憾了。

🌿 身高是报考军校的前提条件

　　军校一直都是高考报考的热门学校，穿上军装，保家卫国，是许多孩子的梦想。

军校对身高有明确的要求

　　军校对于考生有明确身高要求，要求报考军校考生的身高不能低于军事院校的体检线，即女生160厘米，男生162厘米。如果孩子的身高达不到这个最低标准，付出再多的努力也只能与军校无缘。在军检线的基础之上，具体的身高要求又因为相应军种的差异而有所不同。

装甲兵	162~178厘米
水面舰艇、潜艇兵	男性162~182厘米，女性160~182厘米
潜水兵	168~185厘米
空降兵	168厘米以上
特种作战兵	男性170厘米以上，女性165厘米以上

参军也有身高要求

　　与报考军校一样，征兵也有身高的最低标准，即男生160厘米，女生158厘米。一些特殊的兵种，身高要求则更高。

驻中国香港、中国澳门部队士兵	男性170厘米以上，女性160厘米以上
北京卫戍区仪仗队队员	男性180厘米以上，女性173厘米以上

报考专业时身高达标，选择更多

通常，只有到了确认报考意向、填写志愿书的时候，很多考生才会意识到，自己因为身高被一些心仪的专业拒之门外了。这些专业因工作性质，更倾向于选择体格高大的人才。那些对仪容仪表要求比较高的专业，也对考生的身高有一定的要求。

空乘专业

乘务人员的身高要求受其工作内容制约。一方面，由于飞机的舱内高度是有标准的，乘务员作为机组成员，必须在每架航班起飞前检查并确保储物柜处于关闭状态，而低于规定身高的人可能无法做到上述要求。另一方面，乘务人员的良好形象也是服务质量的一种体现。所以身高一向都是报考空乘专业的硬性门槛，多数院校的乘务专业会要求男生身高不低于174厘米，女生不低于165厘米。

医学专业

由于医院里的大型医疗设备及用具，如手术台、B超床等大多都是固定的，而且手术过程中难免需要移动患者身体，突发情况需要临时固定患者姿势。目前，这些工作只能靠人工实现。所以许多医学专业以及大多数护理专业的报考都有身高限制。

医学类对身高要求比较严苛的专业分为两类：

法医学专业	如中国医科大学、皖南医学院和山西医科大学的法医学专业，要求男生身高在170厘米以上，女生在160厘米以上
护理专业	一般该专业要求女生身高高于156厘米，男生165厘米以上

艺术专业

艺术类专业对文化分要求比普通专业要低一些，因此成了许多在某方面有特长，但文化课成绩优势的孩子的另一个选择。舞蹈、播音主持、表演以及音乐等注重考生仪容仪表的艺术类专业都把身高作为报考条件之一。

应聘工作，身高属于加分项

一方面，体形高大是需要体力抗衡的职业的基本要求；另一方面，公司在招聘一些需要对外沟通的职位时，如果求职者身高超出标准，也会优先录取。所以身高优势从某种程度上来说也是孩子未来社会竞争的优势。

警察

如果当上了警察，就需要有维护社会治安、打击不法犯罪分子的能力，身高有时就是牵制住对方的因素。身体素质过硬是成为警察的重要条件。公安局的招聘公告上，就要求男生身高不能低于170厘米，女生身高不低于160厘米。

男生身高	不低于170厘米
女生身高	不低于160厘米

飞行员

在蓝天中翱翔的飞行员，受人尊崇，但是严格的飞行员体检常常打破了许多人想驰骋天际的飞行梦。飞行员要求女生身高165厘米以上，男生身高168厘米以上。

男生身高	168厘米以上
女生身高	165厘米以上

行政前台

来访客人的接待、登记、引导工作，是行政前台岗位职责的一部分，除了对应聘者的学历要求，公司还会强调"形象气质佳"这一条件。虽然不是每家公司都会对前台的身高有明确的要求，但在面试时，身材高挑作为一个隐性条件，必然会给应聘者带来相对优势。

家长如何精准测量孩子的身高

对于孩子的身高管理来说，精准测量至关重要。虽然家长越来越重视孩子的身高问题，但如果不是通过正确且规律的身高测量，往往不能准确把握孩子的身高，易产生错误判断。

目测法和比较法都不靠谱

至今还有很多家长觉得"自己的眼睛是尺子"，用目测法来判断孩子的身高，或者将孩子与同龄人"比身高"。只有需要给出精准身高的时候，家长才可能会在脑海中匆忙地搜索："前几周量了，是多少厘米来着？"

在孩子入园以前，家长没有很多机会比较自己的孩子和其他孩子的身高，对孩子的身高也没有强烈的意识。直到孩子上幼儿园的时候，家长每天接送，会和班上同年龄、同性别的孩子比较，自家孩子是高是矮就很容易看出来了。这时，发现孩子个子偏矮，家长就开始着急了，可能会用一些道听途说的办法来帮孩子长高，想到去医院咨询医生的则很少。

固定测量时间间隔，用整月时间作比较

在测量孩子的身高时，不需要非常精准，但是要保证测量的误差在合理范围内。有的家长在测量孩子身高时发现，上一次测量是63.5厘米，这一次测量却是62.5厘米，怎么近期反而变"矮"了呢？其实，出现这种情况的原因往往有两种：一是家长没有准确记下两次测量的数值，有记忆出错的可能；二是测量的"一致性"产生了偏差，这种情况往往更多。为了避免以上情况的发生，最好保持测量地点和测量工具的一致性，即同地、同尺、同姿势、同时间。在做数值比较的时候，家里测得的数值就和家里的比，不要与医院、药房等测得的数值"混比"。此外，测量的频率和时间也有讲究。孩子年龄不同，测量的频率也有区别。

年龄	测量频率
0~1岁	1~2个月测量一次
1~3岁	3个月左右测量一次
3岁以后	3~6个月测量一次

固定测量时间点，确保数值精准

在记录孩子身高时，测量的时间要统一。如果是早上测量的，那么以后都要早上测量。尤其是孩子开始走路的时候，更要保证测量时间统一。由于重力的作用，以及夜间平卧睡眠后脊柱的拉伸现象，会导致孩子早上比晚上要高0.5~1厘米。

固定测量工具，学会在家测量

孩子不能站立之前，一般平卧位测量身长。孩子能站立之后，可以站立位测量身高。我国的儿童保健服务，一般在孩子3岁之前测量孩子的身长。身长的测量需要采取仰卧位，在家里测量孩子身长时，需要三个人一起操作。

如何在家测量宝宝身长？

测量身长可以选固定的台面，如长条桌子、长茶几等，把宝宝仰卧位平放在台面上。在宝宝头顶部位和脚后跟部位的台面上分别放一张白纸，并把白纸固定在台面上。一个人把宝宝的头部固定，使两只耳朵和台面的距离一样高，另一个人固定宝宝的腿部，使膝关节伸直，踝关节呈90°。第三个人用一个直角的量具，如三角板、厚的书、直角木板等来进行测量。

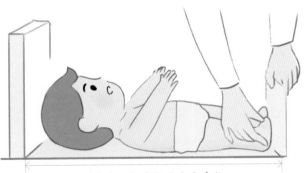

测量出的长度即为宝宝身长。

1.一只手压住宝宝的膝盖，使宝宝腘窝和台面接触；另一只手压住宝宝的踝关节，使宝宝的脚后跟和台面接触。

2.把量具直角的两条边一边接触台面，另一边接触宝宝的头顶。在和头顶垂直台面的白纸处画一条线。

3.在脚后跟和台面垂直的白纸处也画一条线。用量尺测量一下宝宝自头顶到脚后跟两条线之间的距离。

如何在家测量孩子身高？

在家里选一个没有踢脚线的墙面。让孩子站立在墙面之前，脚后跟、臀部、肩胛骨这几个部位和墙面接触，在孩子脑袋顶部的墙面贴一张白纸。孩子抬头挺胸，两眼平视前方。家长用一个直角的量具进行测量，把量具直角的两条边一边接触墙面，另一边接触孩子的头顶，在孩子头顶垂直墙面的白纸上画线。让孩子离开，家长再用量尺准确测量从地面到画线之间的距离，就是孩子的身高。

2~3个月测量一次身高，并做好记录，可以及时了解孩子的生长速度。若有问题尽早进行身高干预。

如果家里有身高测量仪或者固定在墙上的身高测量尺，就更方便了。测量身高时，需要注意的是，要给孩子脱去鞋子、厚袜子，摘掉帽子，松开发辫，去掉头顶的发卡，这样测量得出的结果才比较准确。

如何在家给孩子测量体重？

测量体重相对简单，用电子体重秤方便易行。给年龄大的孩子称量体重，可以让孩子直接站到秤上称量。建议孩子早晨起床后解完小便，空腹，穿尽量少的衣物，此时测量的体重相对准确。年龄小的孩子的体重可以先由家长抱着称量，然后把孩子放下，家长拿上和孩子身上穿的衣服重量相似的衣服和尿布，再上秤称量。两次称量的重量相减，就可以估算出孩子的体重。

勤测、勤记，掌握测量动态

每次给孩子测量身高和体重后，一定要做好记录。最好是用专门的本子记录，每次写下测量日期、孩子的年龄或者月龄，以及测量值。对于监测孩子的身高增长来说，勤测、勤记，算是一个"笨办法"，也是一个好办法。

监测生长曲线，了解孩子的最终身高

　　3岁之前，每3个月或每半年体检都会要求测量身高和体重。从幼儿园、小学开始，孩子每隔半年会进行一次常规体检，身高测量是最为基础的一项体检项目。每一次测量的身高数据，在孩子的生长曲线图表（横轴为年龄，纵轴为身高）中作为一个坐标点，将孩子不同时期的数据相连，可以连成一条曲线，即生长曲线。

读懂生长曲线，做到早发现早干预

　　生长曲线能看出孩子的生长走势，帮助医生、家长评估孩子的生长情况。家长想要有效地监测孩子的生长情况，可以每3个月定期测量身高（不必过于频繁），不仅能够监测孩子的生长情况、及时发现曲线偏离风险，也能够完整记录孩子的成长过程。右页的图通过采集全国具有代表性地域的大量儿童的身高及体重样本，得出每个年龄段孩子的生长趋势及水平，为家长判断孩子在全国同性别、同年龄段儿童中处于何种水平提供参考。

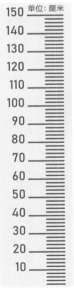

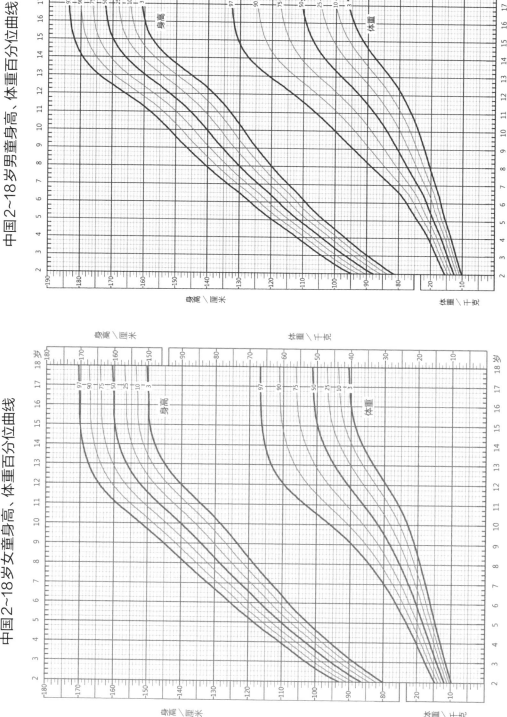

中国2~18岁男童身高、体重百分位曲线

注：根据2005年九省/市儿童体格发育调查数据研究绘制。
（参考文献：中华儿科杂志,2009年第7期）

中国2~18岁女童身高、体重百分位曲线

注：根据2005年九省/市儿童体格发育调查数据研究绘制。
（参考文献：中华儿科杂志,2009年第7期）

通过生长曲线判断孩子身高是否正常

生长曲线是一个很直观的监测孩子生长发育的工具，家长可以通过生长曲线粗略地判断孩子的身高水平。如上页图表所示，在生长曲线中，中间的曲线作为平均值（五十百分位线），代表孩子的身高体重处于同龄孩子的平均水平；最低的一条曲线，属第三百分位线，意味着这个水平的孩子身高体重数据在同年龄段的孩子中，从高到矮排名位于靠后的3%。这类孩子的家长需要引起重视，如果低于第三百分位线，孩子属于矮小范畴，需要及时就医。

提醒家长

每个孩子的身高都受遗传因素和环境因素的影响，沿着同一条曲线的趋势发展，上下略微浮动都是正常的。当浮动变化较大时（超过两条百分位线），可能存在环境外因影响或疾病的发生，建议家长及时带孩子到生长发育相关门诊检查，查找问题，及时干预。除此之外，建议家长每半年至一年定期带孩子到专业的生长发育专科进行检查，专业的医生会给予科学正确的养育指导和建议，帮助家长发现孩子的生长问题，及时纠正并改善。

生长速度是长高的硬指标

有的家长给孩子测身高的时候，发现孩子一个月没长0.5厘米，就很焦虑。其实这也是没有必要的，量身高主要是监测孩子的生长速度，可以适当延长监测时间，通过3个月或者6个月的时间段来监测孩子的整体生长水平，衡量孩子生长发育是否正常。

孩子的身高并非匀速增长

一般来说，孩子从出生到3周岁，平均能长40~45厘米。0~6个月，基本上每个月长2.5厘米；7~12个月，每个月长1.25厘米。孩子的生长不是匀速的，有的时候长得快，有的时候长得慢；这个月长得快一些，下个月可能慢一些，这都是非常正常的。

总体上来说，孩子出生后，第一年长25厘米左右，第二年为10厘米左右，第三年为7~8厘米。如果一个初生婴儿身长为50厘米，那么第一年大概会长到75厘米，这是第一个生长高峰。第二年大概是85厘米，第三年是92~93厘米。

孩子2岁以后到青春期前每年增长速度较稳定，为5~7厘米，有一个简单的平均身高估算公式：2~12岁身高（厘米）＝年龄（岁）×7＋77。

青春期是身高增长的第二个高峰。进入青春期，孩子身高增长开始加速，女孩以乳房发育（9~11岁）、男孩以睾丸增大（11~13岁）为标志，持续1~3年不等，随后生长速度逐渐减慢。一般男孩增加7~12厘米/年（平均10厘米/年）、女孩6~11厘米/年（平均9厘米/年）。整个青春期，男孩身高增长28~30厘米、女孩20~25厘米。

对于孩子的生长速度，家长需要提前进行关注，提高警惕。如果算出来的生长速度达不到这个值，即使孩子目前的身高在正常范围内，整体生长速度也是偏低的。这时，家长要思考是什么原因让孩子的生长速度偏低，防患于未然。

不同年龄段孩子身高标准（厘米）和增长速度（厘米/年）

生长期	男孩		年龄/岁	女孩	
	身高标准	增长速度		身高标准	增长速度
0~3岁 生长快速期	50~75	24~28	1	50~75	24~28
	86	12~15	2	86	12~15
	93	8.4	3	93	8.4
4~11岁 生长速度 减缓期	107.1	7.4	4	106.2	7.4
	113.6	6.9	5	112.6	6.9
	121.2	6.9	6	120.1	6.9
	126.1	5.1	7	124.4	6.1
	131.6	5.6	8	130.6	5.8
	137.1	5.6	9	136.0	5.6
	141.5	5.1	10	142.2	5.0
	147.1	5.1	11	149.4	6.9
12~14岁 青春生长 突进期	154.9	5.1	12	154.2	8.3
	163.4	6.6	13	158.2	5.8
	167.5	9.2	14	159.2	3.0
15~19岁 青春成长 高峰期	170.3	6.5	15	160.3	0.8
	172.2	3.1	16	161.2	0.1
	172.4	1.5	17	161.2	0.1
	172.7	1.0	18	161.2	0.1
	172.7	0.1	19	161.3	0.1

骨龄的奥秘

骨龄是骨骼年龄的简称,其可借助骨骼在X线摄片中的特定图像来确定。骨龄在很大程度上代表了儿童的真正发育水平,因此用骨龄来判定人体成熟度比实际年龄更为确切,是国内外公认能精确反映人体成熟度、骨骼生长状况的一个重要指标。

骨龄和年龄不完全一致

目前大多数家长都对孩子的骨龄所知甚少,有些家长甚至都不知道骨龄的概念,而忽略了孩子的骨龄情况。通常,骨龄和年龄不一定同步。两者相差在1岁以内的为发育正常;骨龄大于年龄2岁可能提示发育提前;骨龄小于年龄2岁可能提示生长发育落后。一般而言,骨龄较实际年龄小,代表生长潜力大,反之,则说明生长空间小。因此,在特定的条件下,可以用骨龄来预测身高。

骨龄异常,常常是某些内分泌疾病的一个表现。一般会发生在孩子第二性征提前出现时,如果不予以控制,骨骺线会提前闭合,导致终身高受限。若终身高显著低于正常平均水平,这时就要想办法延缓骨骺线的闭合时间,争取更多的时间进行治疗。

年龄9岁,骨龄只有8岁,长高空间更大。

年龄9岁,骨龄已达12岁,虽然两人现在身高一样,但最终身高会相差较大。

骨骺线一旦闭合，身高即定型

骨龄不仅可以确定孩子的生物学年龄，还可以了解孩子的生长潜力。基于人体的身高生长时间有限，孩子骨骼生长区（骨骺线）一旦闭合，孩子将停止生长，身高即定型。测量骨龄通常是拍摄人左手手腕部的X线片，医生通过X线片观察左手掌指骨、腕骨及桡尺骨下端骨化中心的发育程度并进行评估。

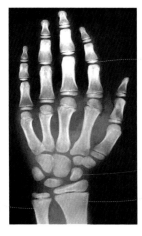

指关节

腕骨

桡骨侧

尺骨侧

未闭合的骨骺线：指关节、腕骨、桡骨侧和尺骨侧的骨头还未完全闭合，中间有缝隙，还有长高的空间。

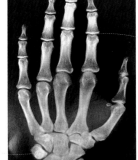

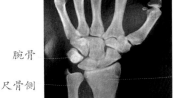

指关节

腕骨

桡骨侧

尺骨侧

已闭合的骨骺线：指关节、腕骨、桡骨侧和尺骨侧的骨头已经完全闭合，中间几乎没有缝隙，长高的可能性较低。

用骨龄预估未来身高

骨龄与年龄不会完全一致，但是正常骨龄与年龄基本相符。在其他情况相同的条件下，晚熟的孩子生长空间会大一些。如两个9岁的女孩，身高相同都是145厘米，其他条件也相同。但一个女孩骨龄只有8岁，说明骨骺线闭合还有相当长的时间；另一个女孩骨龄已达12岁，已接近女孩初潮的平均骨龄水平，生长空间有限。一般来说，如果孩子骨龄比实际年龄偏大2岁就需要进行干预了。除性发育提前外，肥胖超重也是骨龄快速增长的原因之一。因此，孩子出现超重问题家长要及时控制孩子的体重，帮助其科学合理地减重。在减重期间，注意每日均衡营养，尽量让孩子少吃膨化食品或油炸食品；鼓励孩子科学合理、循序渐进地进行适量的运动，如跳绳、打篮球和羽毛球、游泳等；必要时可以寻求医生的帮助和建议。

骨龄差与发育的关系

骨龄差	发育状态	差值	提示的问题
骨龄与年龄之差在2岁以上	发育异常	骨龄减生理年龄大于2岁	注意性早熟、肾上腺皮质增生等
		骨龄减生理年龄小于−2岁	注意生长激素缺乏、甲减等
骨龄与年龄之差在1岁以上	发育提前或落后	骨龄减生理年龄大于1岁	发育提前，身高增长潜力减小
		骨龄减生理年龄小于−1岁	发育落后，需要定期监测
骨龄与年龄之差在±1岁之间	正常	生长发育正常，定期监测骨龄，便于及时发现生长偏离情况	

骨龄落后的原因

长期的营养不良、慢性疾病、青春期发育延迟、生长激素及甲状腺激素的缺乏等都可能导致骨龄落后。影响骨龄的因素很多，家长要通过骨龄监测意识到孩子的一些潜在问题，才能及时地做出干预，减少或消除影响身高的不利因素。

骨龄提前的原因

常见的原因有儿童性早熟、营养过剩、环境污染、摄入过多垃圾食品等。少数原因是儿童患有肾上腺皮质增生，体内生长激素存在异常等情况也会导致骨龄提前。

骨龄检查可以及时发现生长偏离

对于身高异常的孩子，定期监测骨龄很有必要，骨龄成熟速度通常为每年1岁，当骨龄变化大于每年1.5岁或小于每年0.6岁时，可能存在生长发育异常。进行身高监测时，应关注年龄的身高生长速度和骨龄的身高生长速度，并比较两者的差异。一般而言，骨龄的身高生长速度更为客观，也更能及时发现生长偏离。

骨龄检查最佳年龄段在6~15岁

骨龄能直观体现孩子的发育情况，不仅可以确定孩子的生物年龄，还可以对以后的发育情况起到预测的作用。有的家长认为自己的孩子看起来发育一切正常就没有必要做骨龄检测，这种想法是片面的。因为这只是孩子表面的现象，并不是科学的分析，只有通过骨龄检测才能够判断孩子发育是否正常。当然，孩子是否需要测骨龄，要由专业医生进行判断。

虽然在任何年龄段都可以测骨龄，但6~15岁是孩子发育的关键时期，在此期间做骨龄检测，对影响生长发育的相关疾病不仅可以做到早发现早治疗，还可以有针对性地调整饮食、营养结构和生活习惯，及时对孩子的身高做出干预和调整，以保证孩子的生长发育能够以正常的状态启动和加速。

发现孩子比同龄人偏矮或偏高都应测骨龄

还有一个是否给孩子测骨龄的标准，就是把自己的孩子放在同龄孩子中进行身高的比较。如果自己的孩子身高在同龄孩子之中是偏低的，那么这个时候就需要测骨龄，关注身高的问题。但同时，当自己的孩子身高远远超过了同龄孩子平均身高的时候，也需要及时关注孩子是否存在发育过快的情况。

长高贴士

不用担心骨龄检查的安全性

关于辐射剂量，世界卫生组织的标准是：人体每年接受的辐射量不要超过5毫希伏（mSv）。有数据表明，拍摄一次手足部位X线的辐射量为0.001毫希伏，随着射线防护装置的升级，其辐射会越来越小。此外，手部属于肢体末端，照射区避开了脑部、甲状腺、性腺等关键部位，X线对身体的影响可忽略不计。

一般的骨龄拍片，照射时间很短，X线在0.001毫希伏，微乎其微，因此拍一次骨龄片的辐射量对人体的伤害可以忽略不计。平时坐飞机、看电视、玩手机、乘地铁，可能受到的辐射比这个大多了。

不同检查手段和部位的辐射剂量

检查手段和部位	辐射剂量/mSv	等同累计本底辐射量
CT鼻窦	0.6	2个月
CT头部	2	8个月
CT胸部	7	2年
CT腹部+盆腔	10	3年
X平片，手/足	0.001	1天
X平片，胸部	0.1	10天
X平片，腰椎	0.7	3个月
X平片，腹部	1.2	5个月
胸部透视（体表）	7±1.77	2年
乳房X线摄像	0.7	3个月
骨密度检查	0.001	1天
钡餐X线摄影	1.5	6个月
冠状动脉造影	5~15	20个月~5年

注：本底辐射是指自然界中本来存在的辐射。

骨龄监测多长时间做一次

　　骨龄和身高体重一样，是儿童生长发育的指标之一，应该定期监测。据说日本的儿童保健措施之一，就是给孩子每两年做一次骨龄评价。通过定期监测骨龄，可以在早期发现孩子的骨龄和年龄的差异，及早干预矮小和性早熟等生长偏离，帮孩子实现理想身高。

没必要的骨龄检查不要做

　　测骨龄需要符合一些基本的指征：孩子出现提早发育的迹象，或者孩子的身高增长速度远低于正常速度，担心某些因素影响孩子未来身高等情况才建议进行骨龄检查。孩子年龄在6岁以下，骨龄变化比较大，其不能够用于准确预测孩子的未来身高。因此，切莫滥用骨龄检查这一技术手段。

✓ 发育状况良好
✓ 身高增长速度正常
✓ 未发现提早发育迹象
✓ 各项指标正常

发育正常，无须做骨龄检查

长高贴士

左撇子测骨龄是不是测右手呢？

　　骨龄检测一般测"弱势手"，因为使用较少的手，受伤的概率会小一些，而大部分人都习惯使用右手，所以测左手。但如果是左撇子，是不是就应该测右手呢？不是，也是推荐左手。因为骨龄的衡量标准是基于左手X线的大样本研究，也就是说右手骨龄没有相应的参考标准。所以，左撇子也建议测左手。此外，骨龄不是生长发育参考的唯一标准，还需要结合其他情况进行综合分析。

突破遗传限制，发挥孩子身高潜能

在遗传身高的计算公式中，只要知道家长的身高就可以算出孩子的身高。看似孩子的遗传身高只跟家长的身高相关，实际上，孩子在成长过程中，能发挥多少潜能，还得结合孩子母孕情况、出生情况、营养状况、疾病情况、生活方式等多重因素来判断。

● 遗传不是决定身高的绝对因素

现实生活中，很多家长对于孩子的身高秉持"顺其自然"的态度，特别是本身就是高个子的家长，觉得自己的身高没有问题，出于遗传因素的考虑，孩子的身高应该也不成问题，不太可能出现长不高的情况。但事实上，遗传身高并不是一个绝对数值，而是一个身高范围。也就是说，遗传因素是孩子身高的决定性因素之一，而非绝对。根据相关统计，孩子的身高超过遗传身高的概率并不算太高，若家长等到孩子过了青春期发现"孩子的身高没有自己高"时再强行干预，情况就显得被动了。

遗传身高计算公式

公式A：
女孩的遗传身高＝（父亲身高＋母亲身高−13）/2±6.5厘米

公式B：
男孩的遗传身高＝（父亲身高＋母亲身高＋13）/2±6.5厘米

找准孩子身材矮小的原因，适时干预

身高增长是有迹可循的，人的最终身高由下肢长骨与脊柱的长度决定。一般来说，一个人的身高约70%是由父母遗传决定的。而人之所以能长高，需要满足生长激素正常分泌与骨骺线未闭合这两大条件，生长激素缺乏或分泌减少则生长速度减慢；而一旦骨骺线完全闭合，骨骼也会停止生长。

孩子长不高的因素有很多，家长一定要找准孩子身材矮小原因，然后把握时机对症下药，切勿病急乱投医，也不要盲目跟风购买各种保健品、营养品给孩子乱补一通。若是这样，会使孩子身高不长，体重却居高不下，最后还会耽误孩子的正常发育。

合理有效干预，最大化促进身体发育

在基因限定的基础上，只有做到快速合理的干预，才能最大化地促进孩子的身体发育，才有可能获得基因限制基础上的最高身高。

要想获得最高身高，首先要了解儿童生长发育规律。人从出生开始到成年一直处于发育阶段，但是身高的增长却不会贯穿整个发育阶段。一般来说，身高增长的停止会出现在发育结束前的一段时间里。

与孩子学习能力的"窗口期"类似，在身高增长的过程中，会出现爆发性生长发育的阶段，生长发育高峰期，身高和体重的增长速度惊人。对一般人来说，成长过程中会出现两次生长发育高峰，第一次出现在婴儿时期，第二次出现在青少年时期。不论是身高还是其他方面，尤其要注意爆发性生长发育阶段的养育。

多做摸高运动有助于战胜"遗传"，促进长高。

19

婴幼儿期（0~3岁），"科学喂养+睡眠"是长高基础

人的生理特点决定了其作息是有规律的，饮食、睡眠都有相对固定的时间。如果孩子在人生之初没有形成良好的生活规律，成长过程中晚睡晚起、吃饭不定时，生长就很容易遇到问题。

母乳、配方奶、辅食合理搭配

0~6个月，尽量选择纯母乳喂养。如果妈妈母乳实在不够，按照喂养原则，适量添加配方奶也可以，这样能为宝宝的免疫力打下坚实的基础。身体素质好，自然有利于长高。6个月后可以按需添加辅食，到2岁前，如果情况允许，依然可以坚持母乳喂养。

不同年龄孩子母乳喂养频率与总量

月龄	母乳次数（每天）	总母乳量（每天）
0~3个月	8~12次	500~750毫升
3~4个月	6~8次	600~800毫升
4~6个月	5~6次	800~1000毫升
6~8个月	4~5次	800~1000毫升
8~12个月	4次	600~800毫升

及时合理添加辅食

初次添加辅食，家长一定要观察孩子的状态持续3~5天，看孩子是否有不适应的情况。辅食数量和种类由少到多，让孩子适应不同的口味，千万不要让孩子养成对某一样食物的偏好。添加的辅食一定要无盐、无糖。刚开始添加辅食，一定要做得精细，然后再慢慢增大颗粒，以促进孩子的咀嚼能力发展。

饮食习惯从小就要开始训练

训练孩子的进食能力，避免被动式喂养：孩子开始学会自己吃辅食时，常会把吃进去的东西吐出来，甚至将吃饭当作玩游戏。很多家长为了让孩子吃进食物，就会夺过饭碗转为被动喂养。其实孩子把食物"玩"得一片狼藉的时候，正是他探索食物、发展进食能力的绝佳机会，千万不要剥夺了属于孩子宝贵的训练机会。

及早纠正挑食、偏食：据调查，大部分矮小的孩子在幼小的时候就会有挑食、偏食的现象。严重的挑食、偏食或厌食不仅会让孩子的发育出现迟缓，也会对身体健康和终身高产生深远影响。家长首先要帮助孩子养成口味清淡的习惯，其次尽量做好种类搭配和花样变化，增强孩子进食的兴趣。

集中注意力，吃饭不能拖拖拉拉：进食时间以20~30分钟为宜。对于吃饭拖拉的孩子，首先要帮助孩子集中注意力，家长一定要以身作则，千万不要一边吃饭，一边看电视、刷手机或聊天。此外，孩子吃饭时一定要限制活动范围，不能满场追着吃饭，一旦孩子开始满场跑，就很难再安静下来吃饭。长此以往，"追喂"成了习惯，孩子更难养成良好的饮食习惯。

早产儿如何进行身高管理

1.如果2岁能实现"身高追赶"（用来描述因疾病因素导致长高迟缓的儿童，在去除这些因素后出现的生长加速现象），无须进行治疗，只要帮助孩子建立起健康的生活习惯即可。坚持荤素搭配，保持一定的奶量，适量摄入油脂，保持合理体重，有利于长高。

2.如果体重增长过快，就要警惕横向发展。2岁至青春期的儿童，体重的增长速度维持在2千克/年即可，而身高的增速应该尽量维持在5~7厘米/年的水平，以防止体重过快增长而增加孩子成年以后患代谢疾病的概率。

3.如果2岁时，孩子没有实现"身高追赶"，建议到医院进一步就诊，找准原因，针对性施治。早产儿如果在4岁以后仍未实现追赶，身高低于同年龄同性别孩子2个标准差，就需要在专业医生的指导下进行干预。

睡好了才长个子

睡眠对于长高有非常重要的意义。睡眠能帮助孩子的肌肉得到放松，也有利于孩子骨骼、关节的整体生长，且能释放更多的生长激素，同步改善孩子的身体状况。反之，孩子的睡眠质量差会影响生长激素的分泌，从而影响孩子的身高。据相关研究显示，在睡眠时，生长激素的分泌量是清醒时的2~3倍。

儿童期（4~7岁），避免频繁生病，增加运动和情绪管理

4~7岁，孩子面临的问题就是频繁生病，尤其容易感冒、发热。其实，孩子生病是免疫力不断完善的一个过程，是一种"成长的烦恼"。不过，长时间的生病还是会影响孩子的身体素质。孩子上幼儿园之后频繁生病，主要是由于孩子进入了新的环境，在生理和心理上一时无法适应，加上交叉感染，导致孩子患呼吸道及肠道感染性疾病的概率增加。

免疫力在新环境中"调试"

到了新集体生活，很多没有培养好饮食习惯的孩子就会遇到困难了，由饮食不当引发的抵抗力下降等问题也随之而来。面对新环境，孩子的身体也

孩子进入新环境，难免会不适应，生病是常见现象。父母要及时照顾孩子，与孩子沟通，疏导孩子的"情绪"，帮他适应新环境。

正面临着新一轮的"免疫力调试"。孩子虽然在老师的帮助下慢慢开始学习照顾自己，但难免会在脱衣换衣这些小事儿上闹"小脾气"，很容易着凉感冒。还有一些敏感体质的孩子，也常会因食物、空气等内外因素互相作用而发生过敏性疾病。每逢季节交替，一些流行性疾病很容易进攻孩子脆弱的免疫系统。而在幼儿园里，孩子们的座位挨着座位、床挨着床，一旦有孩子生病，其他孩子就纷纷"中招"。

家长可以在孩子入园或入校前带孩子适应新环境，一定要本着家校共育的理念，和老师形成合力，在做好饮食管理的同时，组织孩子参加适量的活动，提高身体素质。

勤洗手防病毒：培养孩子养成勤洗手的习惯。病毒会附着在桌面、门把手、课桌、电梯按钮、玩具等物体表面，认真洗手可以切断很多疾病的传播途径。

多喝水有利于机体排泄：保持机体水分摄入充足，有利于机体代谢物质的排泄。一些流行性疾病常会通过飞沫传播，口腔、鼻腔黏膜保持湿润有助于抵挡病毒的入侵。

细嚼慢咽助吸收：吃饭时细嚼慢咽可以促进消化吸收，也能减少肥胖等问题的发生。

多运动长个子：让孩子适量参加户外运动，可以促进身体对钙的吸收，有助于长个子，同时也有助于增强体质，预防疾病。

正确洗手方式

双手合并，掌心对掌心搓搓。

一手掌心覆盖另一手掌背上，十指交叉搓擦。

掌心相对，十指交叉搓擦。

一手握住另一手拇指，在掌中转动，两手互换。

指尖揉搓掌心，两手互换。

握住手腕揉搓，两手互换。

幼小衔接期，帮孩子抚平"升学小心事"

孩子进入了幼儿园的新环境，这里没有了家人的包容，而是需要学会互相接纳、和平共处，随后进入小学，要更好地与老师和同学沟通。在孩子成长这个过程中，既有亲子间的分离焦虑，也有迎接挑战的紧张感、抗拒感，对于相对敏感的孩子来说还可能存在压力感。这些感受孩子很难说出来，但是他们的身体会表现出来，这就是令家长头疼不已的孩子入园入校后遭遇的"一月一病"。

家长能够帮助孩子开的"良药"是鼓励和沟通。鼓励孩子主动去结识新朋友，并且慢慢学会把"不舒服的感觉"说出来，这个过程就是情绪的疏导。

适量运动改善孩子食欲

适量运动不仅能促进孩子的骨骼生长，也能帮助孩子调节情绪，缓解压力。研究发现，运动对孩子的食欲有直接影响。儿童运动时的心率在每分钟120次左右会促进孩子的食欲；但若达到每分钟140~150次，也就是高强度的运动时，孩子的食欲反而会下降。

因此，家长要根据孩子具体的体能情况来确定运动强度。如果孩子身体偏瘦弱，可以进行低强度的运动，这样能够促进孩子的食欲，为其长高获得充足的营养，也有助于获得更加匀称的体形。若孩子偏胖，可以适当增加运动强度，一方面抑制过强的食欲，控制进食；另一方面也可以消耗脂肪，延缓骨龄。

每天抽出30分钟，带着孩子一起跑步，不仅可以促进亲子沟通，还能助力孩子长高。

青春期，挑战生长障碍，警惕性早熟

8~14岁，青春期要开始了，孩子进入了一个快速成长的时期。第二性征的发育意味着青春期启动，性激素水平升高，生长加速。但到了青春末期，骨骺线一旦闭合，就无法再生长了。家长如果没有认识到孩子青春期的重要性或者没有密切监测的意识，等到发现问题的时候，就已经错过了孩子生长的黄金时期。

孩子长得太慢一定要找原因

一般来讲，青春期前，孩子如果一年身高增长低于5厘米，就要提高警惕了。进入青春期后，孩子的生长速度加快。如果一年身高增长低于6厘米，或半年低于3厘米，家长要引起注意，看看到底是什么原因妨碍了孩子的快速生长。

孩子长得太快有可能是性早熟

孩子如果长得太快，家长也不能盲目开心，有时候可能是孩子出现了性早熟。性发育过早，会导致骨骺线提前闭合。如果孩子在8~9岁出现了性早熟的情况，家长一定要及时带孩子去医院咨询医生。

性早熟的特质

长胡须
出现喉结

睾丸及阴茎增大
出现阴毛

出现腋毛

乳房发育

来月经

男孩　　　　女孩

治疗特发性中枢性性早熟的常规方案

特发性中枢性性早熟的孩子骨龄生长速度太快，终身高受损，可以使用促性腺激素释放激素类似物（GnRHa）抑制性发育，给孩子更多的增高空间。当然，最终的治疗方案，必须由专业的医生进行严格的检查、评估后决定。尽量在没有风险的情况下，进行相应的综合治疗，而且要进行3~6个月密切随访，确保整个治疗过程安全、有效。

做好日常管理，孩子能长得更高

营养、运动、睡眠、情绪、内分泌是身高管理的五要素，它们相辅相成，缺一不可。只要有一个因素发生缺失，就会"牵一发而动全身"，家长对于孩子的身高管理，必须兼顾这五大要素。

● 营养均衡，避免肥胖，身高不成问题

根据调查数据分析，我国主要城市儿童生长发育平均水平已达到了世界卫生组织提出的儿童生长发育的标准。调查结果也同时反映出在儿童生长发育方面值得关注的问题：一是城乡差异仍然存在，农村儿童的生长发育水平仍然低于城市儿童；二是中西部地区部分农村，营养不良仍然是影响儿童生长发育和健康的主要原因；三是城市中儿童超重和肥胖呈快速上升的趋势，城市居民中不良生活方式的发生率对儿童的生长发育和健康造成一定的影响。因此，降低儿童营养不良的发生率，预防儿童期肥胖，促进儿童体格发育，增强儿童体质是长高的有效措施。

及早纠正孩子的不良饮食习惯

营养是增高的基础物质。日常所需要的蛋白质、脂肪、碳水化合物、维生素、矿物质等，都是由食物供给的，因此如何平衡膳食，均衡地补充营养就显得非常重要。就拿蛋白质来说，8岁的孩子每天需要摄入40克蛋白质，相当于要喝200毫升牛奶，吃60克牛肉、1个鸡蛋、50克豆制品，再加上主食里所含的蛋白质。

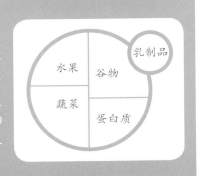

适量运动，"轻拉"孩子身高

勤运动，长高个。根据科学统计，常运动的孩子通常会比不运动的孩子高2~3厘米。短时间中等强度的运动最适宜增高，因为短时间中等强度的运动可引起血清中生长激素水平的升高；而高强度的运动容易使身体疲劳，反而不利于身高增长。

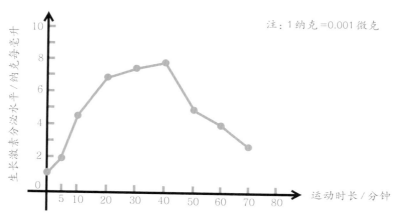

注：1 纳克 =0.001 微克

生长激素随运动时长分泌水平示意图

常见的中等强度运动，如跑跳、攀爬、游泳、引体向上等均有利于长高。对于中小学来说，体育课、课间操、课外活动等丰富的运动均有利于提升孩子的身体素质，跳绳、跳远等弹跳运动学起来简单，也方便坚持。让孩子从每日跳绳500次开始，逐渐达到1000~1500次（可以按照孩子具体情况分组完成）。切记，运动必须"量力而行"，避免运动损伤，因为只有中等强度的运动才能刺激生长激素分泌。据报道，曾有家长让孩子坚持每日几千次跳绳的运动习惯，最后让孩子患上了胫骨结节骨骺炎等疾病。孩子得了这类疾病，莫说长高，就连日常行走都会异常困难！

跳绳运动简单易坚持，特别适合学习紧张、压力大的孩子。跳绳过程中，身体在不断地向上跳跃，对孩子身高增长也有帮助。

运动强度自测：运动强度可通过脉搏（心率）来监测

中等强度运动心率＝（220－年龄）×60%	
不同运动导致的目标心率不尽相同	
悬垂运动 120~130次/分	引体向上
弹跳运动 150~160次/分	跳绳、跳远
耐力运动 170~180次/分	仰卧起坐

"纵横交替"收效高：纵向运动是指垂直于地心的运动，如跳绳、原地弹跳、摸高跳等，通常以次数计算，如跳绳以每分钟130~150次较为适宜，纵向模式的运动在促进身高增长的所有运动中效果最好；横向运动，如快走、游泳、慢跑等，通常以时间计算，如游泳以每日40~60分钟为宜，这类运动虽然没有纵向运动效果明显，但也有利于生长激素的分泌。采用两类运动交替进行的方法，更有利于身高增长。

下午运动更有效：下午运动可以更好地促进夜间的睡眠。比如，让孩子在放学后跳绳，可以释放一天的学习压力，也能更好地促进夜间睡眠。运动前后不要让孩子摄入高糖、高脂肪食物，因为这类食物会影响生长激素分泌，降低运动效果，也不利于孩子的身体健康。

温度适宜效果加倍：温度过高或过低都不利于生长激素的分泌，所以冬天尽量选择温暖避风的室内运动，夏天则在通风凉爽处运动。

游泳属于伸展型运动，在游泳的过程中，四肢、躯干得到充分舒展，许多重要关节如肩关节、膝盖、脚踝等不断得以伸展，也有助于长高。

睡得好，梦里偷偷长个儿

晚上9点前，一定要入睡：科学研究证明，人体的生长激素分泌最旺盛的时期就是夜间熟睡期。如今孩子面临着激烈的竞争，因为忙于各类学习减少了睡眠时间，而且身体面对压力还可能出现睡眠障碍。

睡得好，生长激素才能发挥它的大作用，帮助孩子长高。

尽量让孩子睡到早上7点：很多人可能不知道，其实还有另外一个黄金睡眠时间段——早上5~7点。这是生长激素分泌的另一个小高峰。因此，哪怕学习再紧张，也别急着叫孩子太早起床。

午睡，累就睡，不想睡不强求：从生理角度看，中午人体分泌的生长激素量偏低，即使午睡，对生长激素总体的分泌量影响也不大。因此午休的话，医生给出的建议是：累就睡，不累就不睡，不必强求。孩子午睡的话，最好别睡太久。白天睡多了，晚上迟迟不睡，一整夜的睡眠质量都受影响，那就因小失大了。

良好的情绪就是"增长剂"

儿童的情绪很难像成人那么稳定，情绪一旦有波动，生长激素就会有变化。情绪对儿童身高的影响早有专家关注，特别是不良的情绪会直接抑制生长激素的分泌，同时情绪因素又会影响消化道对营养物质的消化吸收，还会影响孩子的睡眠，这些因素综合影响孩子身高的生长。

愉悦的情绪可以让营养、睡眠等身高干预方法发挥出更好的促进效果。在孩子遇到学习压力，或者难以适应环境变化时，情绪对身高的影响就会凸显。家长或老师都应该积极做好引导工作，帮助孩子面对变化，疏解情绪，让积极乐观的情绪促进孩子长高。

29

保持心态平和

在普遍观念里，孩子身高主要跟遗传和后天营养等有关，哪里能想到，心理压力也会让孩子长不高。孩子不听话、脾气暴躁、大喊大叫等，每一种行为的背后都掩藏着孩子独特的情绪和诉求。长期处于焦虑、压抑状态时，孩子的睡眠质量、生长激素分泌情况等都会受到影响。家长要多了解孩子，帮助孩子逐步管理好自己的情绪。

长高更需要"心理抚养"

美国纽约州心理研究所的一项研究发现，长期生活在焦虑状态下的女孩，身高比情绪稳定的女孩平均矮5.08厘米，且更难长到157厘米以上。这个研究得出"女孩的生长更容易受到心理因素影响"的结论，可能是因为女孩在心理方面比男孩更敏感，更容易注意到男孩注意不到的外部信息及刺激，特别是家长情绪的变化。所以，家长一定要多关注孩子的情绪，避免孩子长期处于孤独、焦虑或压抑的情绪里，营造轻松愉悦的家庭氛围非常重要。

1.长高需要良好的家庭环境：4~7岁以及青春期的孩子，都会潜移默化地受到家长生活习惯和情绪处理方式的影响。让孩子有一个良好的情绪状态，要先有一个良好的家庭环境。离异家庭或者家庭环境恶劣，孩子的生长发育普遍都会比同龄人慢。背后的原理是，孩子的下丘脑和垂体受不良情绪影响，生长激素会被抑制，孩子的身高增长相应就会减缓。

2.家长要控制好自己的情绪：家长情绪是否稳定、性格是否随和、心态是否平和，都会在孩子内心留下难以磨灭的印记。如果家长经常吵架，孩子会误以为是因为他导致了父母关系紧张，从而产生深深的负疚感和焦虑情绪。家长一定要避免在孩子面前情绪失控。

3.帮助孩子学会表达情绪：儿童对于情绪的认知水平并不高，比如愤怒。引起愤怒的原因有很多，如嫉妒、受到伤害或误解等。这个时候家长要学会倾听孩子的心声，不要急于教训，让孩子把事情发生的经过说完整，然后帮助他认清自己的情绪，理解情绪的来源，并且给他提供更多可以缓解情绪的方法。

在学校里有自己的朋友会让孩子快速适应环境，更愿意与人交流，收获好心情，良好的情绪也是长高的助推剂。

4. 帮助孩子建立自己的"朋友圈"：儿童的交友圈子对他们的成长至关重要，是影响他们习惯和性格形成的关键因素。当和自己不熟悉的人互动时，面对新的环境和新的人群，孩子会被迫增强自己适应环境的能力。当他拥有了自己的朋友时，他会更加愿意跟人交流，提升自己的社交能力。

稳定内分泌，刺激生长激素分泌

内分泌系统通过生长激素、甲状腺激素、性激素及肾上腺皮质激素等调节人体新陈代谢，从而促进身体生长发育。运动、营养、睡眠和情绪以及疾病都会影响内分泌。

现在的孩子营养摄入充足，而运动时间普遍缺乏，导致了内分泌系统发生了变化，肥胖和性早熟的儿童越来越多，而且两者常常相伴而生。性早熟会使儿童的骨龄提前，而肥胖又会加剧孩子的自卑心理，低落、焦虑的情绪会影响生长激素分泌，这就是多因素联动对身高产生了抑制作用。由此也说明在对孩子的身高进行管理的过程中，家长对每一环节都必须兼顾，不可有疏漏。

脊柱侧弯及时排查

发生脊柱侧弯的具体原因到目前为止还没有定论,遗传因素、不良姿势、脊柱受伤、神经内分泌系统异常及缺乏锻炼等原因均有可能导致脊柱侧弯的发生。书写的时候,如果桌面低于孩子的肘关节太多,孩子就不得不弯腰写字,久而久之,驼背或脊柱侧弯就可能发生,非常影响体态,严重的话甚至会影响未来的生活和工作。

高速生长期,脊柱侧弯也在加剧

青春期是人体生长发育的第二个高峰,这一时期生理上发生巨大变化,身高、体重迅速增长,各脏器功能日趋成熟,各项指标接近或达到成人标准。孩子如果在身体增长加速前就有脊柱侧弯,一定要积极治疗。因为,身体长得越快,侧弯就越厉害。

儿童脊柱发育状况表

年龄	脊柱发育状况
3月龄	宝宝能够抬头,意味着宝宝完成了第1个生理弯曲发育——颈椎前凸
6月龄	大部分宝宝能够自行坐立,意味着宝宝已经形成了第二个生理弯曲——胸椎后凸
1岁	大多数宝宝能够自行站立和走路,意味着宝宝完成了第三个生理弯曲——腰椎前凸

预防脊柱侧弯,家庭自查很重要

因为脊柱侧弯前期,孩子并没有典型的不适症状,很多家长不以为然,等到发现的时候已经错过了最好的治疗时机。一方面,家长要随时关注孩子书写的姿势,让孩子在背部挺立的状态下写字;另一方面,家长需要经常检查孩子的脊柱是否有侧弯的情况。

脊柱侧弯的常见症状

一侧肩膀比另一侧高。

女孩双乳发育不对称。

一侧后背隆起。

两侧下肢不等长。

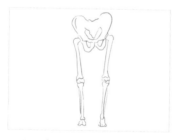

一侧髋部比另一侧高。

腰部一侧有皱褶等外在不良体征。

脊柱侧弯家庭检查法

让孩子坐在凳子上，头部稍低，背部往外拱起来。家长站在孩子后背正中间的位置，就能清楚地看到他的脊柱是不是直的。如果用手指从上到下沿着脊柱抒一下，就更清楚了。脊柱侧弯的孩子，通常两侧肩膀不一样高，肩胛骨离脊柱的距离也不一样。

长高贴士

日常锻炼有助于改善脊柱侧弯

脊柱侧弯造成身体两侧受力不均，肌肉容易疲劳疼痛，发展成严重侧弯时还会影响心肺功能。体态的弱点容易让人产生自卑的情绪，佩戴矫形支具的过程也会觉得别人用异样的目光注视自己。矫正是个漫长的过程，家长切忌操之过急，不要过分强调孩子的体态恢复到正常。

支具佩戴是目前被证实能有效防止脊柱侧弯进展的手段，然而支具佩戴时间基本要求每天16小时以上，长期佩戴支具会引起肌肉萎缩、关节僵硬。对于孩子来说，做一些矫正体操，强化肌肉力量，改善脊柱状况，这样的方法更容易坚持。

某研究机构将某小学4~5年级30例轻度特发性脊柱侧弯患者随机分组，分为实验组与对照组，每组15人。根据该领域的研究成果及学生的具体情况设计专门的核心稳定性训练方案(臀桥练习、俯卧两点支撑练习、仰卧躬身练习、仰卧举腿练习、俯身登山、侧支撑练习、仰卧两头起、八级腹桥)，每周运动干预3次(周一、周三、周五)，每次50分钟，为期12周。干预结束后记录并分析学生的身高、体重、胸围、肺活量、坐位体前屈等指标。研究将实验组与对照组作组间比较，实验组学生的身高、体重、胸围有一定的增长。

矫正体操、游泳以及吊单杠等运动有助于改善脊柱侧弯，让孩子长得更高。

抓住长高关键季节——春季

很多家长都认为"春季是长个的高峰期"。确实有研究发现，在春夏季节，孩子的生长速度会更快。

长高确实有季节因素

曾有一项研究采集了各国青少年生长发育统计数据，分析后发现：儿童、青少年的生长速度在一年四季中并不相同，孩子会在春季长得最快，平均达到7.3毫米／月，长速最慢的是10月，平均只有3.3毫米。孩子在春季的身高增长速度是其他三个季节的2~2.5倍。

经历了漫长的冬季后，气温逐渐回暖，孩子们更喜欢进行户外活动，这能对骨骼产生良性刺激，为身高增长创造"黄金条件"。孩子在春天身高增长相较其他季节明显，还可能跟以下促进孩子身体发育的因素有关：春天温度适宜，孩子户外运动时间增加；天气好，光照也会比冬天的时候更充足；运动的时间久，体力消耗大，孩子的饭量也会明显增加。

万物生长，但不是"齐长"

"阳春三月，万物生长"，在营养、运动、睡眠等因素的综合作用下，春季孩子确实会比其他季节长得快一些。不过，每个孩子都是独立的个体，有各自的发育特点，生长发育速度也不相同。家长不能一味追求春季长高，只要孩子生长速度在正常的范围内，就不用纠结季节因素，而是应该帮孩子按照自身发展特点做好持续的身高管理计划。

春天贴生长贴，能帮助孩子长高吗？

目前来说，生长贴对长高有没有直接帮助，未有定论。生长贴本身不是一个标准化的产品，各家各有配方，很多都是"保密配方"，按照常理，生长贴大部分成分无法经皮肤吸收，效果也未经严格验证。孩子其实有内在的生长规律，处于生长期的孩子，不论贴不贴生长贴都是按规律生长，生长贴带给家长的"心理作用"远高于实际效果。

长高贴士

适量做运动，促进生长激素的分泌

人体在春季新陈代谢旺盛，家长平时可以让孩子做适量运动，如骑自行车、打篮球、游泳、踢足球等。除了可以锻炼身体，增强孩子体质，也能够提高他们的睡眠质量，使其分泌更多的生长激素。不过需要注意的是，尽量不要让孩子在发育期间做过量或爆发性过强的运动，如举重、长距离跑等，以免过度拉伸韧带阻碍长高。

长高之计在于春，其余时节要兼顾

其他季节孩子虽然身高增长缓慢，但这并不表示夏、秋、冬三季就在"拖后腿"，因为人体会利用这段时间储存营养，为将来生长做准备，所以促进孩子的生长一年四季都不能放松。当然，孩子秋冬偶尔一个月不长个也属于正常现象。只要按时监测身高，家长就可以及时发现问题，并合理干预。

把控好孩子的"零食袋"

零食是合理膳食的组成部分，对孩子来说，零食代表了童年的滋味，不可能完完全全"放弃"。但从生长发育的角度出发，孩子的零食必须是有挑选、有讲究的。

乳制品可以适量吃

牛奶、酸奶等含有丰富的蛋白质和钙，可以给孩子适量饮用。不过，其他的奶制品，一定要谨慎选择。还有一些打着"牛奶"旗号的饮料，比如复原乳、果味奶等，会添加不少糖类和香精，如果长期饮用，很容易导致孩子出现肥胖等问题。

纯牛奶

牛奶饮料

水果、坚果都是"好零食"，搭着吃更营养

水果是孩子补充营养和水分的好选择，不过有时候出门游玩，带一些干果更方便，只要吃对了，照样有益于孩子的身体健康。干果通常分为两类，一类是水果干，像葡萄干、猕猴桃干等，这些水果干营养比较丰富，还有补充能量的作用，不过在挑选的时候一定要看清楚包装袋上的成分标识，挑原味无糖（没有额外再加糖的）或低糖的；另一类是坚果，核桃、开心果等富含不饱和脂肪酸以及其他微量元素，适量摄入有益于孩子的大脑发育，也能为孩子的成长提供充足的能量。

再馋也不能碰"垃圾食物"

碳酸饮料中的磷含量较高，容易导致孩子体内钙、磷比例失调，造成发育迟缓。此外，各种含糖饮料、甜味零食摄入过多，就会变成脂肪，堆积在体内。虽然油炸食品香脆的口感会给孩子带来口感的愉悦和惊喜，但其在制作过程中，高温会破坏食物中的 B 族维生素、维生素 E 等，而较高的热量还会给孩子的身体带来负担。如果长期食用，孩子对家常饭菜的兴趣会降低，容易打破孩子的饮食平衡，进而引发内分泌紊乱等一系列问题。

孩子的零食袋

零食选择标准

可选	不可选
新鲜蔬果	果脯、果汁、水果罐头
切片面包/全麦面包	膨化食品（爆米花、薯片、虾条等）
鲜鱼制品	咸鱼、香肠、腊肠等腌制品
鸡蛋（水煮蛋/鸡蛋羹/蛋饺）	袋装卤蛋、咸鸭蛋等
豆制品（豆腐干/豆浆）	烧烤类食品
坚果类（磨碎食用）	高盐坚果、糖浸坚果

挑选原则：选择天然、新鲜、容易消化的食物，同时也要适量摄入；避免食用高油、高糖的膨化食品、油炸食品及卤味等。

家里做饭不要重口味

人们为了吃得有滋有味，往往就会在营养健康方面做出一些妥协，比如放入一些调料，而一旦开启了"重口味"模式，吃饭选菜的口味往往会越来越重。但是同样的调料对孩子而言，却超标了。若孩子天天吃高盐、高糖的饭菜，会造成热量摄入过多，增加肝肾负担，并增加今后发生肥胖、高血压等风险。

高糖、高盐食物打破孩子的代谢平衡

过多的食盐摄入会造成人体水钠潴留，增加肾脏排泄负担。不同年龄段，每天需要限制的食盐量不同。1岁以内不吃盐，1~2岁每天不超过1.5克，2~3岁每天不超过2克，4~5岁每天不超过3克，6岁以上每天不超过5克。还要注意排除隐性盐，如味精、鸡精、酱油、咸菜等的摄入。

重口味调味品清单

⊗ 鸡精、味精	家中做菜一定要控制用量，尽量不添加或少量添加调料
⊗ 隐形酒精成分	料酒里面含有酒精成分，加热之后，大部分会挥发，但为了保险，做给婴幼儿的食物中不宜添加料酒（尤其是配入辛辣调料的料酒）
⊗ 过量动物油	到了孩子可添加辅食的时候，饭菜可以逐步加入一些食用油，多用炖煮、清蒸等简单烹饪方式，更有利于孩子健康。家长千万不能放入过量动物油，那样不仅会加重孩子的身体负担，还会加重心血管的负担，日后容易引发心血管疾病
⊗ 隔夜的调味汁	用新鲜的番茄酱和柠檬汁等酱汁代替味精、酱油来调味是个好选择。不过这类调味汁必须是做好了就用，因为常温放置容易滋生病菌，有的还可能产生亚硝酸盐，所以不宜隔夜食用

儿童医院门诊热点问题

　　不管父母是否愿意，孩子从一出生就开始被各种"比较"环绕，入学以后，最常见的"比较"就是比身高。如果父母本身都不高，或者孩子跟同龄儿童比矮一点，都会引发家长的焦虑。下面这些在长高门诊中经常会问的问题，可以帮助家长走出认知误区，缓解焦虑，科学管理孩子身高。

🍃 生长激素要不要打

　　生长激素是脑垂体分泌的一种促进骨骼、内脏和其他组织生长发育的物质，不仅能促进骨骼、内脏和全身生长，还能促进蛋白质合成，影响脂肪和矿物质代谢。可以说，生长激素不仅能促进长高，还可以促进人体所有组织器官的生长发育。

注射生长激素不能作为孩子长高首选

　　孩子身高在正常范围内，医生不建议注射生长激素，而是建议通过对孩子营养、运动、睡眠、情绪等进行综合调理，做好身高管理，让人体分泌生长激素峰值上升，来促进生长，达到理想的身高。

外用生长激素使用周期长，费用高

　　生长激素注射治疗不同疾病疗效不同。一般来说疗程长，考虑个体差异性，不同情况的孩子需要治疗的时间不同，通常超过2年，费用普遍较高。因此，在开始治疗前必须明确诊断，完善检查，避免生长激素使用禁忌证。在内分泌科专业医生指导下开始规范治疗，充分沟通，必须定期随诊，做好监测。

　　生长激素不是长高的"万能药"，不是想打就能打。一般情况下建议家长做好孩子的日常身高管理，帮助孩子长高。

生长激素

生长激素不是想打就能打

人工合成生长激素已经是一种成熟的技术，其安全性可以得到保障。人工合成生长激素也是矮身材孩子的有效改善方案，但生长激素不是想打就能打的，首先要诊断清楚，孩子是由什么原因引起的身材矮小。这必须由专业的医生来做充分的评估和检查，最后才能决定是否注射生长激素进行治疗。

生长激素使用具有严格的适应证，如生长激素缺乏症、家族性矮小及某些遗传综合征等。如果孩子没有缺乏生长激素，或预测成年终身高不是矮小症，或其他特殊疾病，不建议使用生长激素。即使使用生长激素，也需要经过医生的严格评估后使用，并在使用期间严密监测疗效及不良反应。

生长激素干预是少数，日常管理是根本

想要让孩子健康地成长，最重要的并不是用生长激素干预，而是积极采用饮食、睡眠、运动、心理调适手段进行身高管理。帮助孩子养成正确的生活习惯，同时加强监测，了解孩子的整体生长速度，顺时、适时调整和改善方法，才能让孩子健康茁壮地成长。滥用生长激素其实也是一种拔苗助长的行为，要不得！

家长一定要记住，培养好习惯比注射生长激素更重要！帮助孩子养成一个健康的生活习惯，如让孩子热爱运动、好好吃饭、按时睡觉等，这些都是孩子生长发育最基础的条件。基础打扎实了，孩子将来就能长得更高更健康。

生长激素

4岁前不建议给孩子打生长激素

如今,家长对孩子的身高问题越来越重视。由于个体的发育差异大,人体生长激素分泌量会随着年龄的变化而变化。

0~3岁,不建议注射生长激素,因为孩子体内的激素调控体系一般要到4岁才能完全成熟。在4岁之前,如果给孩子做与激素有关的激发试验,有可能会出现假阳性、假阴性等错误的结果,影响医生的正常判断,而且实际操作起来也并不现实。如果确定要给某个孩子使用生长激素,那么注射频率是比较高的。对于非常抗拒打针吃药的孩子来说,这种配合度其实是很难实现的,不仅不方便,频繁的哭闹也会影响孩子的情绪,不利于身体健康。

当然,家长依然会担心推迟干预可能就错过机会,耽误孩子的生长,事实上这也是多虑了。在临床上,5~7岁开始治疗身高实现追赶的情况非常常见,有的甚至在10岁左右采取治疗,也取得了很好的效果。

不同年龄段孩子生长激素注射建议

0~3岁婴幼儿	不建议注射生长激素,通过饮食调理,保证营养
3~7岁儿童	只要孩子不是被确诊矮小症或性早熟,不建议注射生长激素。通过日常生活调节,让孩子自然长高,不必心急。确诊矮小症和性早熟的孩子,听从医生建议,可以使用生长激素干预
8~14岁青少年	如果发现孩子身高过矮、性早熟,应及早就诊或采取适当干预措施,在医生的建议下使用生长激素。早熟孩子还可以按需要使用抑制性激素分泌的药物

使用生长激素的常见不良反应

临床上应用生长激素治疗矮小的适应证已经有近40年了,总的来说是一种安全的替代治疗手段,能够帮助有需要改善身高的孩子长高。合理使用生长激素基本上不会产生明显的不良反应。目前发生的生长激素治疗的不良反应主要是短期的。在用药早期,孩子有可能会出现高血糖的问题,但通常随着用药时间延长或停药,血糖随之恢复正常。使用生长激素后,儿童也可能会出现水钠潴留的症状,比如眼睑、面部、四肢等部位出现水肿,一般3~7天后也会逐渐消失。

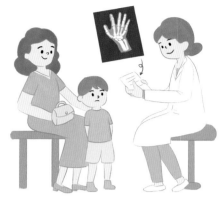

使用生长激素的过程中要定期到医院进行随诊，以便医生及时发现问题。一般来说，正常合理地使用生长激素不会产生明显的不良反应。

一些体质相对敏感的孩子注射部位也会出现局部过敏反应，表现为疼痛、发麻、红肿等，但这也是"一过性"反应（指某一临床症状或体征在短时间内出现一次，往往有明显的诱因），发生率随着用药时间延长而降低，这些反应也可能和心理因素有关，是可耐受的。

当剧烈运动或运动量突然加大后，有些孩子会出现关节疼痛或肌肉痛，减少运动量或转为适量运动即可减轻状况。

治疗方式因人而异

一般而言，生长激素治疗没有固定的疗程，要根据孩子的适应证、身高矮小的程度、骨龄、家庭经济状况等决定使用时间。一般情况下至少治疗1年以上，以观察疗效。具体要听医生的建议，遵医嘱进行治疗。

使用生长激素，切莫追求"立竿见影"

很多家长能够意识到要帮助孩子做好身高管理，但是方法却用错了。要特别注意的是：身高的增长是相对缓慢的过程，哪怕孩子应用生长激素治疗，身高增长也不可能达到"立竿见影"的效果。

长高贴士

生长激素只能通过注射起效

人工合成生长激素，目前只能通过注射的方式起效，食物中哪怕含有生长激素，吃下去以后，也会被消化掉，不会起到长高的效果。饮食调养长高法，主要是通过摄取人体需要的各种营养元素助力长高，而不是通过食物吸收生长激素。

女孩来月经了是不是就不长个儿了

很多人认为女孩出现月经，男孩开始变声或遗精，就意味着青春期结束，身高不会再有增长。女孩子出现初潮确实是青春末期的标志，这也提示孩子的身高增长已经"登顶"，此后生长进入减速期，往往1~3年身高生长就停止了。在此期间，身高也只能再长4~7厘米。具体情况也会因人而异。

月经来潮意味着生长板闭合

生长板是控制人体生长的重要部位。月经来潮意味着体内雌性激素水平升高，而雌性激素水平的升高，会促进生长板的闭合，让生长板老化，导致生长潜力受损。因此，一般来月经之后生长就会慢慢减速，直至停止。

青春期之前干预，效果最好

身高增长是有时效性的，干预更是要及时。在孩子青春期之前干预，效果最好，青春期初期，注重对孩子的身高管理，做好营养、运动等各方面的调整，是可以促进孩子身高增长的；如果女孩子月经来潮之后，此时干预虽然不能说完全没有效果，但往往事倍功半。

当生长板完全骨化，骨骺与干骺端融合，长骨的纵向生长就停止了，这也意味着孩子身高已基本定型。

干骺端

生长板

骨骺

骨骼结构简图

孩子来月经时身高未到150厘米应及时就诊

按照统计数据来看，初潮后的孩子，身高依然能长4~7厘米。如果孩子此时的身高不到150厘米，家长应引起充分的重视，并及时到身高门诊请医生做专业的评估。医生会根据孩子的具体情况，检查孩子的骨龄、生长激素分泌水平等，预测孩子的身高增长空间。

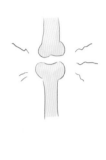

关注孩子初潮时间，在月经来临前及时干预，可延缓骨骺闭合，帮助长高。

陪伴孩子疏解"小心事"

女孩子胸部开始隆起，标志着她已进入了青春期。这个时候，因为害羞等原因，很多女孩子都会用抬肩弯腰的姿势来"掩盖"自己的"小心事"，这样其实不利于孩子长高。家长发现孩子有这样的情况，除配合学校的生理、心理教育外，也可以在孩子闲暇时陪她散步聊天、翻看科普漫画，告诉她成长是一件美妙的事情，不需要害羞，更不需要逃避。

需不需要延迟初潮帮孩子长高？

很多家长对孩子的身高问题非常重视，想到了延迟初潮来延长孩子长个儿时间的办法。对此，建议"未雨绸缪"的家长们一定要到正规医院咨询，根据孩子的身体发育状况和身体其他方面的具体条件来调整。如果医生评估孩子的终身高是正常的，那就完全没有必要采取这种"推迟术"了。

劝告孩子，千万不要为"美"节食

青春期的孩子自我意识进一步加强，女孩子会十分在意自己的身材问题。来月经时，身体需要的能量会更多，如果这个时候刻意"节食"，会造成营养不良。面对这样的问题，家长不要急着催促孩子"多吃点"，应该采取沟通的方式，先消除孩子的"身材焦虑"，她才会放心地吃饭。

家族性矮小能治疗吗

家族性矮小指的是家族里面女性身高低于150厘米，或男性身高低于160厘米。家族中的女性，如妈妈、姥姥，身高低于150厘米；家族中的男性，如爸爸、爷爷身高低于160厘米，这可能会存在潜在的"矮小遗传因素"。

莫轻易下结论，有时只是"心理性矮小"

很多家长一到门诊就说我家族的人都矮。实际上，有的人只是心理上的矮小，是身高离自己的期望值有差距，但不一定是真的矮小。只有通过仔细检查，明确诊断，符合医学指标才可以考虑用生长激素治疗。

家族性矮小可以实现"生长追赶"

家族性矮小的孩子，通过后天的努力，完全可以改善身高。3岁前培养好的生活习惯，从饮食、运动、生活环境等方面着手。3岁以后到专科医院进行进一步检查，如果经过检查可以治疗，在孩子实现生长追赶以后，进行定期的监测和复查，将使其终身高达到正常范围。

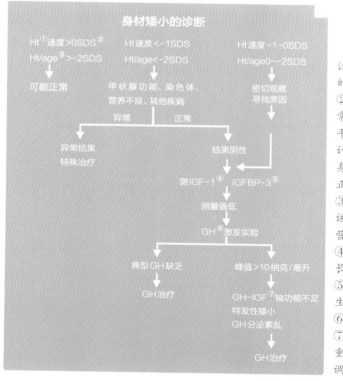

身材矮小的诊断

注：①Ht：Height（身高）的简写。

②SDS：目前身高与正常同年龄、同性别人群平均身高的差距。计算公式：SDS=（患儿身高减正常儿童身高）/正常儿童身高的标准差。

③Ht/age：身高比年龄，该值偏低表示长期慢性营养不良。

④IGF-1：胰岛素样生长因子-1。

⑤IGFBP-3：胰岛素样生长因子结合蛋白-3。

⑥GH：生长激素。

⑦GH-IGF轴：人体内重要的分泌代谢轴，起调控生长发育的作用。

喝牛奶能长高吗

牛奶可以提供多种营养成分,如蛋白质、钙、多种维生素及活性营养物质等,均有助于长高。其中的蛋白质和钙更是促进身高增长的重要物质基础,还能够增强身体的免疫力。

喝牛奶可以有效降低生长迟缓发生率

适当喝奶对促进骨骼发育有好处。国内外多年来的研究表明,坚持每天喝适量的牛奶不仅能促进儿童和青少年的体格发育,还能使他们的骨骼变得更致密(也就是提高骨量),减少将来发生骨折的可能性。一项纳入中国30个省12 153名学龄前儿童的研究显示,每天或每周至少摄入一份乳制品的儿童,其身高评分高于未摄入乳制品的儿童;每天摄入一份乳制品的儿童,其生长迟缓发生率比未摄入的儿童低28%。但也要坚持适量原则,过量摄入牛奶,不仅不利于孩子长高,而且会影响其健康。

莫把牛奶当水喝

虽然牛奶中有水,但是它并不是补水的最佳选择,况且牛奶中还有很多的脂肪(尤其是全脂牛奶),如果把牛奶当水喝,就会喝进大量的脂肪,对健康同样是不好的。我国膳食指南建议每天摄入奶及其制品300克,有条件的喝到500克。这就是说,让孩子每天喝1~2杯牛奶就足够了。如果将牛奶当水喝,其可能存在的风险包括。

1. 若均为全脂乳制品,可导致饱和脂肪酸摄入过量。

2. 蛋白质摄入过多,增加肾脏负担。

3. 摄入过多的热量,会增加肥胖的风险。有孩子因过量摄入奶类导致肥胖。

虽然牛奶中含有优质蛋白质和多种维生素,有助于孩子长高。但牛奶不是水,当水喝容易造成儿童超重或肥胖。

寒暑假，孩子怎么忽然停止长个儿了

孩子进入了青春期后，身高变化会很大，这也是孩子身高发育的关键期，家长需要在这个关键的时候给孩子创造长高的条件。

规律作息一打破，生长速度自然减慢

孩子入学后学习压力增大，有时身体处于超负荷运转的状态。假期是孩子难得的休息时间，需要让孩子好好休息。但是一到假期，有的孩子就会开始疯狂地玩手机、电脑，甚至会牺牲掉休息的时间，熬夜玩游戏；还有些孩子会暴饮暴食，经常吃垃圾食品，点外卖。假期本来是好好休息、好好调整身体的时候，但是有些孩子反而在假期越来越累、不好好吃饭，更不要说出门运动了，这样就失去了增高的黄金时间。

不要错过"纵横搭配运动"好时机

前文说过，对于促进长高而言，最好采用中等强度的运动，而且最好是纵向运动和横向运动互相搭配。切记，运动必须量力而行。

一周运动表

时间	运动内容（以10岁儿童为例）
周一	1.跳绳500个（不计时）；1分钟跳绳并记录数据，2组 2.1分钟仰卧起坐（男/女35个达标）
周二	1.平板支撑45秒/组，3组 2.开合跳40个/组，3组 3.体前屈拉伸（男生手指超过脚尖、女生手掌超过脚尖）30秒/组，3组
周三	1.跳绳500个（不计时） 2.原地蹲跳起：男/女20个/组，3组
周四	1.原地高抬腿30个/组，3组 2.仰卧起坐：1分钟/组，男生3组，女生2组
周五	1.1分钟跳绳并记录数据，3组 2.平躺卷腹20个/组，3组
周六	1.摸高跳25个/组，3组 2.平板支撑45秒/组，3组 3.体前屈拉伸（男生手指超过脚尖、女生手掌超过脚尖）30秒/组，3组
周日	1.收腹跳20个/组，2组 2.跳绳300个 3.体前屈拉伸（男生手指超过脚尖、女生手掌超过脚尖）30秒/组，3组

胃口差会影响身高吗

以现在的生活条件来说，很少会有孩子出现营养不良的情况。但临床数据显示，现在仍然有许多孩子因为营养摄入不足而造成生长发育迟缓。这类孩子多因疾病引起营养不良，或者是消化吸收不佳造成的，改善这些问题，营养跟上了，不长个的情况也会跟着好转。

帮孩子"养胃口"的饮食要点

一日三餐要稍微"欠"一点。对于吃饭不太规律的孩子来说，不需要每次吃得很饱。为了易于消化，不要让孩子吃油炸食品，也不要贪吃肉类。

一日三餐要定时定量。不能饥一顿饱一顿，这样会打乱肠胃的生物钟，影响消化。

晚上最好不要吃太饱。孩子白天运动量大，吃东西消化得快，但晚上胃蠕动放缓，消化能力会比白天弱，如果吃得过多过饱，就容易导致消化不良。

胃口差的孩子需要看医生吗

每个孩子的胃口可能相差很大，有的孩子天生胃口好，吃什么都香，家长根本不用为吃饭操心。而有的孩子对食物怎么也提不起兴趣。儿童医院的营养门诊，每天都有不少家长因为孩子胃口差来寻求医生的帮助。对于食欲不佳的孩子，一方面，家长要多给孩子吃饭的主动权，孩子爱吃什么，就给他吃什么，只要总体饮食均衡，生长发育正常就好。另一方面，要做好孩子的日常饮食管理，让孩子对吃饭有足够的兴趣。

如果孩子因为饮食摄入不足，导致体重不足，个头不够，甚至明显落后于同龄孩子，这种情况下，家长就要重点关注，同时排除是否有其他疾病导致的食欲不佳。如果孩子因为胃口差影响到正常生长发育，家长就要咨询专业医生，在医生指导下进行干预。另外，服用药物也会影响到孩子的胃口，因此，家长不要未经医嘱在家自行给孩子服药或任何保健品。

促进孩子食欲还是要以饮食和运动为主，药物治疗只是辅助，切忌"病急乱投医"。

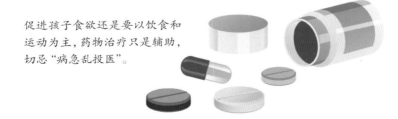

23岁真的能"蹿一蹿"吗

女孩子到了13岁,男孩子到了16岁依然没有青春发育的迹象,很可能是体质性发育延迟,俗称晚长。通过临床观察以及长期随访发现,这些晚长的孩子完全可以实现身高追赶,也就是传说中的"23,蹿一蹿",但前提是要区分并确认孩子究竟是矮小还是晚长。

如果孩子在同龄孩子中逐渐变得"偏矮",家长一定要引起重视,现在孩子"早长型"多,并不一定有"23,蹿一蹿"的现象。

"晚长"有一定的遗传因素

孩子临近青春期,个子就是不见长,有些家长会很焦虑,也有些家长很淡定,他们觉得自己二十来岁还是能够长高的,孩子也会这样。如果孩子做了系统的检查,排除了其他疾病的干扰,医生也考虑孩子是体质性发育延迟,那家长可以回忆一下,自己青少年时期是不是也是晚长的。因为晚长确实会受遗传因素的影响,也与个人的体质有关,这种情况不一定会影响孩子的终身高。此时也可以结合孩子的骨龄进行综合判断,如果孩子的骨龄跟他目前的身高是相对应的,那就不需要进行特殊的治疗,只需要进行密切的观察监测,鼓励孩子多运动,到了青春期启动的时候,他的生长速度自然就能实现追赶。

"早长型"孩子多,"晚长型"孩子少

孩子如今拥有的"营养环境"是大鱼大肉、各种营养品和零食泛滥,这与家中长辈们缺衣少食的童年时代大不相同。物资匮乏的年代,才会出现孩子骨龄相对落后年龄的情况,现在的孩子却是提早发育、骨龄提前的情况居多。在孩子身高不理想的时候,千万不要抱着侥幸心理,等到孩子骨骺线即将闭合,再想要长高,为时已晚。

定期评估，让孩子按龄生长

　　孩子进入幼儿园、小学之后，除了常规的体检之外，家长也要为孩子做好定期生长监测，如果发现孩子有任何发育征象，不管是正常发育还是提早发育，都应该及时到生长发育门诊咨询一下。如果医生建议给孩子做骨龄检查等，也应该积极配合，这样才能较好地了解孩子的生长趋势，判断是否要采取干预措施。

　　在如今普遍发育年龄偏早的情况下，千万不要再抱着"23，蹿一蹿"的心理。如果女孩到13岁、男孩到14岁还没有出现明显长高的情况，一定要带孩子到医院进行系统检查，确认需不需要进行身高干预。

如何应对生长痛

　　生长痛是孩子在快速生长的过程中出现的以骨膜牵拉为主的疼痛。生长痛其实不能算一种病，也无须进行特别治疗，对症处理，缓解即可。

为何出现生长痛？

　　对于生长痛的成因，医学专家们普遍认为是因为生长速度过快，导致牵拉骨膜引起的疼痛。骨膜里有丰富的神经，受到频繁的牵拉就会产生疼痛感。在生长发育门诊，经常有家长带着孩子来咨询生长痛的问题。

　　生长痛主要以关节周围胀痛为主，抽痛的感觉不太多。孩子感觉到疼痛的时候大部分是晚上睡觉的时候，有时候是时不时出现的疼痛，有时候疼痛可能还会持续一段时间。

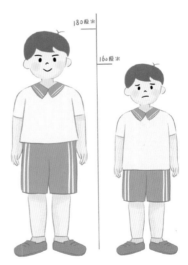

一段时间内，如果生长速度过快，就会给孩子带来"生长痛"的烦恼，男孩比女孩出现的概率大。

持续监测生长状况，排除疾病因素

很多家长听到孩子说腿疼，就会说"应该是生长痛"。这个时候家长千万不能大意，一定要先关注孩子的情况，必要的时候还要带孩子去医院做仔细检查，以排除患有疾病的可能。

腿部疼痛相关疾病

骨肿瘤	骨肿瘤初期的疼痛感和生长痛的感觉比较容易混淆，如果孩子的疼痛感越来越明显，和生长痛的基本特征有不一致处，一定要提高警惕，及时就诊
其他骨科疾病	关节炎、韧带拉伤等疾病也会导致腿部的疼痛，应及时就诊
青枝骨折	儿童的骨骼中含有较多有机物，外面包裹的骨外膜也特别厚，因此在力学上就具有很好的弹性和韧性。植物的青嫩枝条常常会折而不断，儿童的骨骼遭受暴力发生骨折就会出现与植物青枝一样折而不断的情况，这种特殊的骨折也称之为青枝骨折。儿童一般比较好动，跑跳时可能会出现青枝骨折，这种骨折不会有明显的易位，但有明显的疼痛感，此时一定要带孩子及时到医院拍片检查

补充维生素D，有助于改善生长痛

生长痛是因为孩子快速生长而出现的生理现象，如果经过医学检查和医生确认孩子的疼痛为生长痛，就不必过于惊慌，也不需要吃止痛药。研究发现，维生素D的缺乏可能也是引起生长痛的因素之一，对此可以为孩子适量补充钙和维生素D，不过千万不要滥补其他营养品，以免给孩子的身体带来负担。家长也可以让孩子适量喝牛奶。此外，家长还是要严密观察孩子的疼痛程度和疼痛持续时间，如果情况有变化一定要及时就诊。

维生素D

9种对孩子生长发育至关重要的营养素，
联手合作，助力孩子长高、更聪明。
本章详细介绍了长高必需营养素的
每日补充量和注意事项，
还给出相应的营养搭配食谱，让家长活学活用。
每个营养素摄入量都有出处和来源，
家长可以放心地对照使用。

第 2 章

补对营养素，
助力长高更聪明

钙：骨骼主要成分，对身高至关重要

钙是人体中含量最多的一种无机盐。在维持人体循环、呼吸、神经、内分泌、消化、泌尿、免疫等系统正常生理功能中起重要调节作用。儿童、青少年生长发育期补充足够的钙，对长高会起事半功倍的效果；缺钙则会影响牙齿和骨骼的正常发育，青春期孩子骨骼发育快，对钙需求量大，此时如果不能及时给孩子进行正确补钙，将会影响孩子的最终身高。

不同年龄每日钙需求量

6个月以内	只要妈妈奶量充足，一般不会缺钙，但每日应摄入400国际单位的维生素D，以促进钙的吸收
6~12个月	中国营养学会建议，每日摄入250毫克的钙，每日保持600毫升以上的奶量，一般不需要担心缺钙
1~3岁	建议每日摄入600毫克钙，每日保持400毫升奶量，日常饮食中可尝试不同种类的食材，如煮鸡蛋、芝麻糊
3~12岁	建议每日摄入600~800毫克的钙，除了继续保持400毫升左右的奶量之外，还需要注意补充豆腐、虾、绿叶蔬菜、芝麻酱等含钙量丰富的食物。每日应摄入400国际单位的维生素D，以促进钙的吸收
13~18岁	建议每日摄入1000毫克的钙，以满足身高的快速增长需求

注：根据中国营养学会《中国居民膳食营养素参考摄入量》等整理。

钙不是补得越多越好

对人体而言，钙不是补得越多越好，因为摄入过量的钙易影响人体对铁的吸收。此外还要注意，有些传统的"补钙"食物，如骨头汤，其含钙量并不高，倒是所含的高脂肪会给孩子的消化系统带来负担，长期喝，又会增加肥胖风险。如果孩子需要额外补钙，最好在医生、营养师等专业人士指导下进行，根据不同需要选择口服的液体钙或咀嚼的钙片。什么时间段补钙，没有严格的规定。

奶及其制品中的含钙量不仅高而且吸收率也高；鱼、虾、黄豆及其制品也是钙的良好来源；深绿色蔬菜如芹菜、菠菜等也含有一定量的钙。

最佳的补钙时间和方式

补钙的理想时间在两餐之间。少量多次补钙比一次大量补钙吸收效果要好。在吃钙片时，可以选择剂量小的钙片，每天分2~3次口服。同样500毫升牛奶，如果分成2~3次喝，吸收效果会更好。

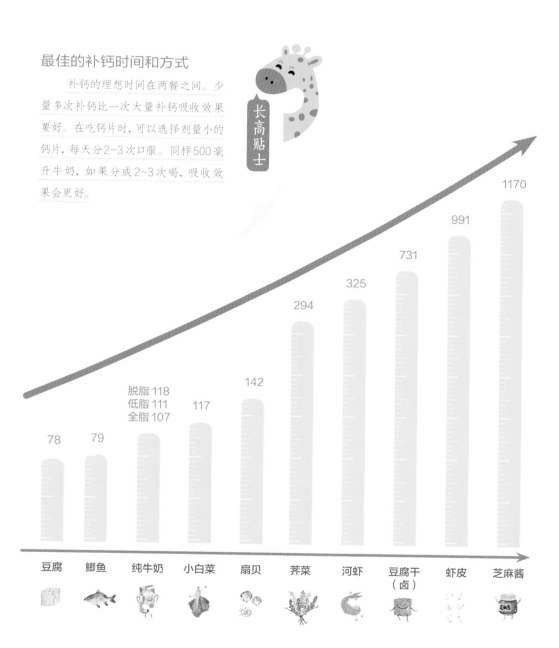

常见补钙食材（每100克食材可食部分钙含量 单位：毫克）

注：本书柱状图仅为食材所含营养素的高低排序，不作为数据展示。

奶酪焗红薯

长高指数

红薯1个
淡奶油30毫升
黄油15克
马苏里拉奶酪
30克
白糖适量

1 红薯洗净，对半切开，蒸熟。

2 用勺子挖出红薯泥，将黄油、白糖、淡奶油加入红薯泥中拌匀，重新填入红薯中。

3 在红薯上撒上切碎的马苏里拉奶酪，放入预热190℃的烤箱烤15分钟即可。

我要长高啦

奶酪属于高钙食品，孩子适量吃有利于补钙、长个子。搭配红薯，口味香甜，且富含膳食纤维，能促进消化。

奶香燕麦粥

即食燕麦片35克
牛奶200毫升
苹果丁、白糖
各适量

1 锅中倒入牛奶，再加入即食燕麦片，搅拌均匀，开火加热。

2 煮至微微沸腾，加白糖调味，关火盖上锅盖闷一会。

3 将粥盛入碗中，配上苹果丁或者孩子喜欢的其他水果丁即可。

长高指数

我要长高啦

牛奶含有优质蛋白质和钙，对于促进孩子的生长发育非常有好处。燕麦富含维生素、膳食纤维、钾、锌等，可为孩子提供充足的能量。

鸡刨豆腐

豆腐1块
鸡蛋2个
葱花、盐、
植物油、白胡椒
粉各适量

1 豆腐放入碗中,用勺子碾成小碎块;鸡蛋打散成蛋液。

2 油锅烧热,放一半葱花炒香,倒入豆腐碎,快速翻炒30秒;倒入蛋液翻炒,直到蛋液凝固成小颗粒状。

3 放入剩余葱花,加盐和白胡椒粉调味即可。

我要长高啦

豆腐富含蛋白质、钙、磷、镁等,鸡蛋含有丰富的钙和蛋白质,两者放在一起炒,不仅口味香软,而且能为孩子提供多种身体必需的营养素。

长高指数

干贝萝卜排骨汤

猪腿骨500克
干贝约20粒
白萝卜1/2个
小葱段、姜片、
盐各适量

1 锅里倒冷水,加入处理好的猪腿骨,煮出血沫后捞出冲洗干净,煮出来的水倒掉;干贝洗净。

2 将猪腿骨放入砂锅内,加足量冷水,放入干贝、小葱段、姜片,大火煮开后转小火炖1.5小时。

3 白萝卜洗净切块,放入砂锅内,炖至熟软后加盐调味即可。

我要长高啦

干贝富含蛋白质、钙、锌等营养素,味道鲜美,与排骨、萝卜一起做成汤,既开胃又营养。

长高指数

维生素D：促进钙吸收，增加骨量

维生素D又称"阳光维生素"，能够促进人体对钙和磷的吸收，维持血液中钙和磷的稳定，还与免疫系统的调节息息相关，是人体必需的一类维生素。维生素D不足会导致青春期儿童骨量、骨峰值下降，并增加成年时患骨质疏松的风险，还会增加呼吸道、消化道感染风险，以及增加过敏和哮喘风险。

不同年龄每日维生素D需求量

中国营养学会建议，儿童和成人每日摄入400国际单位的维生素D（维生素D$_3$滴剂）就可以满足身体的需要。当然，每日补充800国际单位也不会过量。建议每日补充400国际单位最佳。

不同年龄维生素D可耐受上限

年龄	可耐受摄入上限（国际单位/天）
0~6个月	1000
>6~12个月	1500
>1~3岁	2500
>3~8岁	3000
8岁以上	4000

补充维生素D，越早越好

我国儿童维生素D缺乏的状况虽然已经得到明显改善，但依然需要继续采取措施，尤其是针对青春期孩子。而维生素D缺乏给孩子带来的伤害并不是发展到维生素D缺乏阶段才出现的，而是在维生素D水平低于正常值就开始对身体造成影响。维生素D是脂溶性维生素，身体脂肪过多时，很容易会稀释血液中的维生素D浓度，这代表身体脂肪越多，血液中的维生素D就越少。因此体形稍胖、体重偏重的孩子，要按需多摄取一点维生素D。

长高贴士

孩子不能单靠晒太阳补充维生素D

阳光照射是人体产生维生素D的主要来源。在阳光照射下，皮肤基底层的7-脱氢胆固醇将转化为维生素D$_3$。不过，孩子皮肤娇嫩，日照时间不宜过长，更不宜在烈日下暴晒，建议在早晨阳光相对柔和时带孩子晒太阳，若是婴儿，还要做好眼部遮光。

香菇豆腐塔

豆腐1块
干香菇3朵
冬笋20克
高汤、盐、植物
油各适量

1 干香菇泡发洗净，切片；冬笋洗净，切片。

2 将豆腐切块，锅中放水烧开后下豆腐块焯烫，捞出备用。

3 油锅烧热，依次加入香菇片、冬笋片翻炒，下豆腐块，加高汤烧煮片刻，加盐调味即可。

我要长高啦

豆腐富含钙、蛋白质和其他人体必需的多种微量元素。干香菇富含B族维生素、铁、钾、维生素D原（人体摄入后经适当的日光照射可转成维生素D），能促进钙的吸收。

长高指数：🚀🚀🚀

鸡肝25克
胡萝卜1/2根
番茄1/2个
洋葱1/2个
菠菜、高汤、盐各适量

1 鸡肝洗净，焯水，切碎；胡萝卜洗净切丁；洋葱去皮，洗净切丁；番茄焯水，去皮，切碎；菠菜洗净，焯水，切碎。

2 将鸡肝碎、胡萝卜丁、洋葱丁放入锅中，加入高汤，煮熟，再加入切碎的番茄、菠菜，稍煮，加盐调味即可。

三色肝末

我要长高啦

三色肝末含有丰富的铁、维生素A、核黄素、维生素D等。肝类营养丰富，每周可安排1次或2次，每次少量食用。

长高指数：🚀🚀🚀🚀

铁：预防孩子贫血

铁是人体必需的微量元素之一，参与血红蛋白与胶原蛋白的合成以及抗体的产生，对维持儿童正常免疫功能发挥了一定的作用。处于生长期的儿童、青少年患缺铁性贫血，容易导致身体发育受阻、体能下降，并可能产生注意力与记忆力调节障碍，导致学习能力下降。

不同年龄每日铁需求量

6个月以内	如果是母乳喂养的话，只要妈妈奶量充足，一般不会缺铁，而且母乳中铁的吸收率可达50%，比配方奶粉中铁的吸收率高很多
6~12个月	每日需摄入铁10毫克，此时正是缺铁性贫血高发的年龄段。一般来说，宝宝缺铁多是由于6个月后没有及时添加含铁的辅食所导致的
3~10岁	3岁每日推荐铁摄入量为9毫克，4~6岁为10毫克，7~10岁为13毫克
11~13岁	男孩每日推荐铁摄入量为15毫克，女孩为18毫克。儿童进入青春期，女孩出现月经初潮，铁会随着经血排出体外，因此，这一阶段女孩推荐摄入量相应较高，要积极增加动物性食品的摄入

注：根据中国营养学会《中国居民膳食营养素参考摄入量》等整理。

维生素C能促进铁吸收

维生素C可以显著提高膳食中铁的消化吸收率，单独补充维生素C就可以在一定程度上改善人体的铁营养状况。因此，儿童、青少年每天的膳食还应有富含维生素C的食物，如膳食中保证足量的新鲜蔬菜、水果（猕猴桃、鲜枣）等，也可以通过摄取强化食品或营养素补充剂来补充维生素C。

辅食如强化铁的米粉，常见食材像肉类、蛋黄、动物肝脏、动物血等，都是含铁丰富的食物，可以适量食用。

血红素铁吸收率高

　　铁广泛地存在于多种食物中，如动物性食物（动物肝脏、动物血、羊肉、牛肉）和植物性食物（黑芝麻、口蘑、黄豆、红豆）。动物性食物所含铁为血红素铁，植物性食物所含铁为非血红素铁。血红素铁易于吸收，吸收率可达15%~35%，非血红素铁的吸收率在3%~5%，远不如血红素铁高。因此，通过食物补铁的较好方法就是食用富含血红素铁的食材。不过，补铁一定要多样补，既要吃动物性食物也要吃植物性食物。

这样补铁效果好

　　为了促使铁更好地被吸收，在给孩子食用含铁丰富的食物时，也要同时补充一些富含蛋白质、维生素的食物。而对于含植酸、草酸等会影响铁吸收的食物，则尽量少食，或者分开食用。

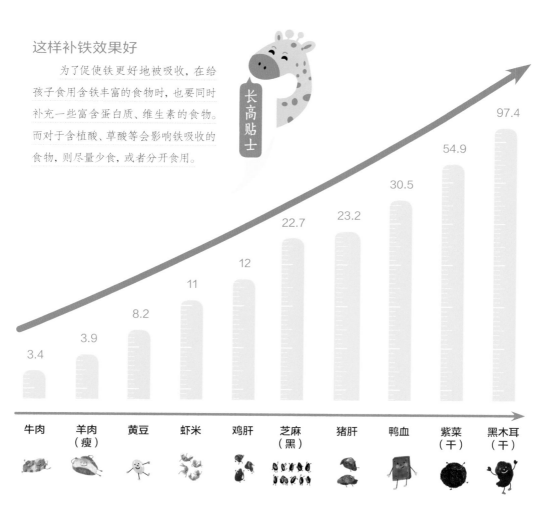

长高贴士

牛肉	羊肉（瘦）	黄豆	虾米	鸡肝	芝麻（黑）	猪肝	鸭血	紫菜（干）	黑木耳（干）
3.4	3.9	8.2	11	12	22.7	23.2	30.5	54.9	97.4

常见补铁食材（每100克食材可食部分铁含量　单位：毫克）

盐水肝尖

猪肝 1 块
香葱 3 根
姜片、香叶、
盐、花椒、
十三香
各适量

1 将猪肝用水冲洗干净，再放入大碗里，加没过猪肝的清水浸泡 2 小时，中途换 3 次或 4 次水。

2 将花椒、盐、十三香混合，用小火炒到微黄的状态，用炒好的调料将猪肝均匀地抹上薄薄一层，装入保鲜袋中，腌 3 小时以上。

3 锅中放水，加花椒、香葱、姜片、香叶煮开，放入猪肝，煮 30~40 分钟，取出切片即可。

我要长高啦

猪肝富含蛋白质、卵磷脂、铁及其他微量元素，其中卵磷脂有利于孩子大脑发育。猪肝还含有较多的维生素A，适量食用，有利于维护视力。

长高指数：

红烧排骨

排骨 500 克
葱段、葱花、
蒜瓣、姜片、
生抽、老抽、
盐、植物油各
适量

1 排骨斩小段洗净，焯烫出血水；将排骨捞起来洗净，沥干水分；蒜瓣去皮，洗净拍破。

2 油锅烧热，加葱段、蒜瓣、姜片爆香，倒入沥干水的排骨翻炒。

3 至排骨两面金黄后，倒入生抽、老抽翻炒上色。

4 锅中倒入开水，没过排骨，大火烧开后转小火焖煮，至汤汁只剩原来 1/4 时，加入盐翻匀。

5 大火收汁，待汤汁差不多收干的时候关火，撒上葱花即可。

我要长高啦

排骨营养丰富，其中的软骨可用来为孩子补钙。红肉中还含有丰富的铁，有利于预防孩子缺铁性贫血。

长高指数：

凉拌黑木耳

干黑木耳10克
红彩椒、黄彩椒
各1/2个
葱花、白芝麻、
生抽、醋、
芝麻油、植物油、
蒜泥、盐各适量

1 干黑木耳泡发洗净；锅内加水大火烧开，放入木耳焯烫半分钟，捞出沥干水分，装盘；红彩椒、黄彩椒洗净切丁，撒在黑木耳上；蒜泥中加盐、生抽、醋、芝麻油拌匀，再倒入黑木耳中拌匀。

2 油锅烧热，加入葱花、白芝麻爆香。

3 将热的植物油倒在黑木耳上，拌匀即可。

我要长高啦

黑木耳属于富含铁、膳食纤维的菌菇类食材，可以经常给孩子适量食用。

长高指数：🚀🚀🚀

青菜2棵
大米50克
胡萝卜片、
肉松、橄榄油、
盐各适量

1 大米洗净，倒入电饭锅，加适量水、橄榄油和盐，煮饭；青菜洗净，切末，米饭快煮熟时加入青菜碎末拌匀，继续焖煮至米饭煮好。

2 胡萝卜片煮熟，切成心形，垫在容器底部。盛一些米饭装入容器内压平，交替分层，填入肉松和米饭，直到容器被填平，将米饭压紧实。

3 将容器倒扣在盘子里即可。

翡翠肉松菜饭

我要长高啦

这道翡翠肉松菜饭，不仅颜色丰富，而且荤素搭配，营养均衡互补，富含铁、膳食纤维、维生素和碳水化合物，为孩子成长补充能量。

长高指数：🚀🚀🚀🚀

锌：参与骨代谢，提高骨密度

在世界卫生组织已确认的 14 种人体必需的微量元素中，锌占据着重要的地位。锌广泛分布在人体组织中，参与人体内几乎所有的代谢过程，是体内核酸和蛋白质合成必不可少的微量元素，对生长发育、智力发育、免疫功能、物质代谢等均有重要的作用。

不同年龄每日锌需求量

4~6个月	孩子依靠母乳中的锌和身体中储存的锌足以满足身体需求。孕期最后一个月是胎儿从母体储备锌元素的"黄金时间"，因而早产儿常有缺锌的问题，需要额外补充
6~12个月	孩子体内储存的锌慢慢耗尽，此时就要及时添加动物性食物制作的辅食，及时补充锌，6~12个月，孩子每日需要摄入 3.5~4 毫克锌
3~10岁	3 岁孩子每日需要摄入的锌为 4 毫克，4~6 岁为 5.5 毫克，7~10 岁为 7 毫克
11~12岁	男孩需要摄入的锌为 10 毫克，女孩为 9 毫克。在此期间孩子的饮食如果偏素，一定要及时纠正，做到荤素搭配均衡

注：根据中国营养学会《中国居民膳食营养素参考摄入量》等整理。

补锌要适量吃动物性食物

锌与唾液蛋白结合成味觉素，可以增进食欲，因此缺锌会影响孩子的味觉发育进而影响食欲，严重的甚至可能出现异食癖。锌还能参与生长激素的合成和分泌，因此缺锌会导致生长发育停滞，典型疾病就是缺锌性侏儒综合征。

发现孩子缺锌，家长可通过食用含锌丰富的食物为孩子补锌。锌最好的食物来源是贝类，如牡蛎、扇贝等，这些食物锌含量较高；其次是动物肝脏、蘑菇、坚果和豆类；肉类（以红肉为主）和蛋类也含有一定量的锌。科学研究表明，动物性食物含锌量普遍较高，并且动物性食物分解以后所产生的氨基酸还能促进锌的吸收；而植物性食物含锌较少，如果孩子的饮食偏素，就有缺锌的风险，可增加坚果、小麦胚粉等含锌食物的摄入，必要时可以预防性补锌。

孩子食欲不好，不建议自行给孩子补锌

孩子的食欲受多种因素影响，并非一定是缺锌，在没有缺锌风险的情况下，不推荐给孩子补锌。可以到医院做营养评估，并在营养师或专业医师指导下使用。

不建议钙锌同补

两种营养物质在一起吃也可能"打架"，而且多是量多的抑制量少的，如锌和钙一起吃，就是钙影响锌。补锌过多，可使体内铁和维生素C的含量减少，抑制铁的吸收和利用。

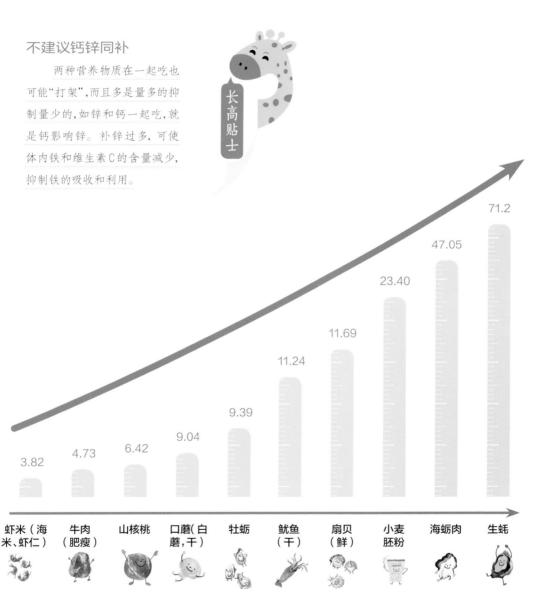

长高贴士

71.2

47.05

23.40

11.69

11.24

9.39

9.04

6.42

4.73

3.82

虾米（海米、虾仁） 牛肉（肥瘦） 山核桃 口蘑（白蘑，干） 牡蛎 鱿鱼（干） 扇贝（鲜） 小麦胚粉 海蛎肉 生蚝

常见补锌食材（每100克食材可食部分锌含量 单位：毫克）

牛肉蛋花粥

长高指数： 🚀🚀🚀🚀🚀

牛里脊50克
干香菇2朵
鸡蛋1个
大米30克
葱花、盐、
生抽、植物油
各适量

1 大米洗净，放入锅内，加水煮粥；鸡蛋取蛋清备用。

2 牛里脊洗净切丁，加蛋清、盐腌制；干香菇泡发洗净，切丁。

3 油锅烧热，放入牛肉丁、香菇丁、生抽和盐炒匀，加适量水煮至断生。

4 将炒好的牛肉倒入煮好的白粥里，搅拌均匀，淋入剩余鸡蛋液，煮开后搅匀，撒上葱花即可。

 我要长高啦

牛肉富含优质蛋白质、铁、锌等，是补铁、补锌的良好食材。

西湖牛肉羹

牛里脊150克
干香菇6朵
鸡蛋1个
香菜碎、姜丝、
盐、水淀粉、
芝麻油、植物油
各适量

1 牛里脊洗净剁碎，加植物油、盐、水淀粉拌匀腌10分钟；干香菇泡发洗净，切碎；鸡蛋取蛋清。

2 锅中加水烧开，加牛肉碎、姜丝、干香菇碎同煮，加适量盐调味，倒入水淀粉勾芡。

3 慢慢倒入蛋清，并迅速搅拌均匀使蛋清成絮状；撒入香菜碎，滴芝麻油调味即可。

我要长高啦

牛肉、鸡蛋都含有丰富的蛋白质、锌等营养素。西湖牛肉羹很开胃，而且营养丰富，味道鲜美，孩子很喜欢吃。

长高指数：🚀🚀🚀🚀🚀

排骨玉米粥

猪小排1根
玉米1根
大米50克
姜丝、葱花、
盐各适量

1 猪小排斩成小段；大米洗净备用。
2 猪小排放入锅里，加入水，煮出血水后捞出洗净备用；玉米洗净后取玉米粒。
3 锅里放入焯烫好的猪小排，加入足量水，大火煮开后转中小火煮30分钟；加入大米，大火煮开后转小火煮40分钟至米开花、粥变黏稠；再加入玉米粒和姜丝，煮10分钟，最后加盐调味，撒上葱花即可。

我要长高啦

猪小排可以为孩子提供身体必需的优质蛋白质、脂肪和丰富的钙和锌，促进孩子骨骼成长。

长高指数：🚀🚀🚀🚀🚀

肝泥玉米

玉米1根
猪肝1小块

1 玉米洗净后取玉米粒，放入搅拌机内，加80毫升清水，搅打成玉米蓉。
2 滤网过滤，留下玉米浆备用。
3 将过滤出来的玉米浆倒入小锅里，小火熬煮，边煮边搅拌，直到煮成糊状。
4 猪肝切片后浸泡出血水，蒸熟后放入搅拌机内，加适量温开水搅打成猪肝泥，搭配玉米泥食用即可。

我要长高啦

猪肝富含铁、锌、维生素A等。根据孩子的饮食习惯，还可以把猪肝做成爆炒猪肝、洋葱炒猪肝等。

长高指数：🚀🚀🚀🚀

蛋白质：促进生长发育

人的肌肉、骨骼、皮肤、头发、指甲等都是由蛋白质构成的。儿童正处在快速生长发育阶段，充足的蛋白质供给可为儿童生长发育打下坚实的基础，对儿童各组织器官生长、生理功能调节、机体免疫力增强等都有重要的促进作用。

不同年龄每日蛋白质需求量

6个月以内	每日蛋白质摄入量不少于9克，坚持纯母乳喂养，按照母乳（成熟乳）中蛋白质的平均浓度为1.3克/100克计算。若平均每日摄入母乳750毫升，不会出现蛋白质缺乏的情况。非母乳喂养的宝宝，家长要仔细挑选优质配方奶粉
7~12个月	除了母乳喂养（按600毫升计）之外，还要通过富含优质蛋白的辅食来补充蛋白质
6岁前	幼儿正处于"生理免疫功能不全期"，相关免疫器官未被完全激活，免疫球蛋白合成不足，极易受病菌攻击，直至发育到12岁后，才能进入免疫功能的相对稳定期。这些生理特点决定了孩子对营养有更高的需求，每日至少摄入35克优质蛋白质。可以通过均衡搭配的营养餐及牛奶获得足量蛋白质
7~12岁	7~8岁每日蛋白质摄入量为40克，9岁为45克，10岁为50克。11~12岁，男孩每日摄入60克，女孩每日摄入55克
14~17岁	男孩每日摄入75克，女孩每日摄入60克
18岁	男孩每日摄入65克，女孩每日摄入55克

注：根据中国营养学会《中国居民膳食营养素参考摄入量》等整理。

补充蛋白质：求质不求量

优质蛋白质食物是指含有多种必需氨基酸，并且很容易被人体吸收和利用的食物。蛋白质和脂肪不一样，不能在人体中大量储存，超出需要的蛋白质经过代谢变成废物被排出体外,过量摄入蛋白质会加重内脏负担,尤其是肾脏器官负担。有些家长会在孩子出现疲惫感的时候,让他们服用"高蛋白"保健品。其实,对于孩子而言,一日三餐营养均衡,适当补充蛋奶类食物就不用担心蛋白质缺乏。牛奶、瘦肉、鱼、虾等食物蛋白质含量丰富,易消化吸收,氨基酸种类齐全,且氨基酸模式较接近人体需要,为优质蛋白质。在每日膳食中,动物蛋白不宜少于所需蛋白质总量的50%,它们是孩子膳食中的重要食材。

这样补蛋白质效果好

在挑选牛奶、酸奶及相关制品的时候,要注意包装上标明的蛋白质含量,如用纯牛奶制作的搅拌型酸奶,蛋白质含量应在2.3%以上。若低于此数值,便不能被称为酸奶。市场上还有很多比酸奶略稀、口味酸甜的乳酸饮料,与酸奶不属于一类产品,蛋白质含量仅为1%以上,营养价值远低于酸奶。这些产品虽然名称繁多,但均有小字标明"饮料",应当仔细加以区分。

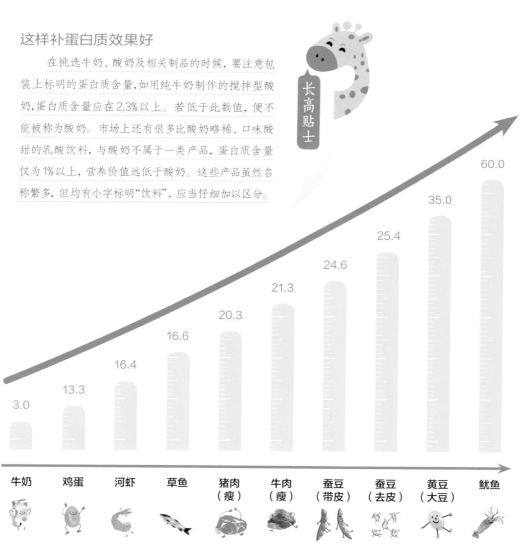

常见补蛋白质食材(每100克食材可食部分蛋白质含量　单位:克)

牛奶	鸡蛋	河虾	草鱼	猪肉(瘦)	牛肉(瘦)	蚕豆(带皮)	蚕豆(去皮)	黄豆(大豆)	鱿鱼
3.0	13.3	16.4	16.6	20.3	21.3	24.6	25.4	35.0	60.0

长高贴士

蘑菇瘦肉粥

大米 50 克
青菜 1 棵
口蘑 2 个
猪瘦肉 20 克
胡萝卜 1/4 根
盐适量

1 大米洗净，用电饭锅煮成大米粥。

2 猪瘦肉洗净，煮熟切碎末；青菜洗净，焯烫一下后切碎；胡萝卜、口蘑分别洗净切碎。

3 大米粥里加入胡萝卜碎和口蘑碎煮熟，再加入青菜碎和瘦肉末煮熟，加盐调味即可。

 我要长高啦

蘑菇瘦肉粥味道鲜美，含有丰富的碳水化合物、蛋白质等。还可以根据孩子喜好做成蘑菇肉末炒饭、蘑菇肉末焗饭等。

长高指数：🚀🚀🚀🚀🚀

香菇肉圆

鲜香菇 3 朵
猪肉馅 70 克
鸡蛋清 1/2 个
白萝卜片、番茄块、盐、姜片、葱花、葱姜水、芝麻油各适量

1 鲜香菇洗净切碎；猪肉馅里加入鸡蛋清、葱花、葱姜水、盐、香菇碎，用筷子顺着一个方向搅拌至肉馅上劲变黏稠。

2 双手蘸水，将肉馅做成丸子。

3 锅中加适量水和姜片，煮开后，放入肉丸。

4 加入白萝卜片、番茄块一起煮熟，加盐、葱花、芝麻油调味即可。

我要长高啦

猪肉含有的蛋白质能满足孩子生长发育的需要，它还含有铁元素，有助于预防孩子缺铁性贫血。

长高指数：🚀🚀🚀🚀🚀

柠檬煎鳕鱼

鳕鱼肉1块
柠檬1/2个
鸡蛋1个
盐、水淀粉、
植物油各适量

1 柠檬洗净，去皮榨汁；将鳕鱼清洗干净，切小块，加入盐、柠檬汁腌制片刻；鸡蛋取蛋清。

2 将腌制好的鳕鱼块裹上蛋清和水淀粉。

3 油锅烧热，放入鳕鱼块，煎至两面金黄即可。

我要长高啦

鳕鱼属于低脂高蛋白质食材，所含脂肪主要为不饱和脂肪酸，还含丰富的硒等。

长高指数：🚀🚀🚀🚀

猪肉小馄饨

猪肉糜200克
小馄饨皮、
葱姜水、葱花、
盐各适量

1 猪肉糜中加入盐，用筷子向一个方向搅拌，再慢慢加入葱姜水，继续搅拌。

2 用筷子挑少许肉馅到小馄饨皮上，5个手指一捏包成小馄饨。

3 锅中加水烧开，下小馄饨煮熟，撒上葱花，盖上锅盖小火焖1分钟即可。

我要长高啦

猪肉小馄饨肉质细嫩，营养丰富，可以给孩子提供碳水化合物、蛋白质、铁、锌等多种营养素。

长高指数：🚀🚀🚀🚀

维生素C：增强抵抗力

维生素C被称为"抗坏血酸"，是人体重要的水溶性抗氧化营养素之一。维生素C不仅具有抗氧化作用，还能还原三价铁为二价铁，从而促进铁的吸收，因而得名"补铁小助理"。维生素C还能提高免疫功能，增强人体的抗感染力，并能促进伤口愈合。

不同年龄每日维生素C需求量

一颗猕猴桃和适量蔬菜就可以保证孩子每日摄入足够的维生素C。因而一定要鼓励孩子养成爱吃蔬菜、水果的好习惯。

年龄	每日维生素C摄入量
3岁	40毫克
4~6岁	50毫克
7~10岁	65毫克
11~12岁	90毫克

注：根据中国营养学会《中国居民膳食营养素参考摄入量》等整理。

补充维生素C，新鲜的蔬果更好

水果和蔬菜中都含有维生素C，因此家长只要给孩子在日常饮食中每日安排一两种水果与两三种蔬菜即可。但要注意的是，维生素C很容易被氧化，在食物贮藏或烹调过程中极易被破坏，因此建议家长多给孩子吃新鲜的蔬果，并尽量减少食物烹调的步骤和时间，以免维生素C在食物烹调过程中流失过多。

此外，不少家长存在一个误区，就是把橙子、猕猴桃等维生素含量较高的水果榨汁给孩子喝，以为这样可以为孩子补充更为充足的维生素C，其实这种做法是错误的。因为水果在榨汁的过程中，大部分的维生素C和多酚类物质都已经被破坏，营养价值远不如直接食用。

孩子不爱吃蔬菜和水果，需要补充维生素C吗

蔬菜和水果不仅能为孩子补充维生素C，还能够提供其他营养素。如果孩子蔬菜和水果吃得少，首先要鼓励孩子摄入富含维生素C的蔬菜和水果，确实无法通过食物满足，再在医生指导下补充预防剂量的维生素C。

长高贴士

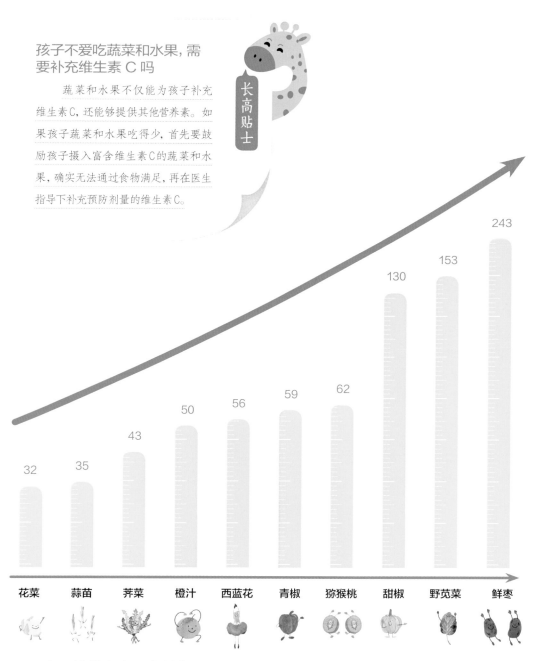

花菜 32
蒜苗 35
荠菜 43
橙汁 50
西蓝花 56
青椒 59
猕猴桃 62
甜椒 130
野苋菜 153
鲜枣 243

常见补维生素C食材（每100克食材可食部分维生素C含量　单位：毫克）

红枣莲子糊

红枣8颗
莲子适量

1 红枣去核洗净；莲子洗净后加水煮至熟软。

2 将煮熟的莲子和去核的红枣放入料理机内，按水位线加入适量温水，搅打成糊即可。

我要长高啦

鲜红枣含有丰富的维生素C，时令季节可以给孩子直接吃鲜红枣，也可以做成枣泥或枣糊。

长高指数：🚀🚀🚀

西蓝花炒腰果

西蓝花1朵
生腰果50克
橄榄油、
盐各适量

1 西蓝花洗净切小朵，放入开水锅中焯烫，沥干备用。

2 油锅烧热，小火下生腰果略炸，盛出晾凉。

3 另起油锅烧热，放入西蓝花翻炒，加腰果翻炒几下，加盐调味即可。

我要长高啦

西蓝花属于营养比较丰富的蔬菜，富含钾、镁、钙、维生素C、膳食纤维等。这些营养物质合力作用，可以增加孩子骨骼的强度，促进肠道蠕动，预防便秘。

长高指数：🚀🚀🚀🚀

猪肉荠菜馄饨

　猪瘦肉100克
馄饨皮10张
荠菜50克
盐、芝麻油
各适量

1 猪瘦肉和荠菜分别洗净剁碎，加盐拌成馅。
2 馄饨皮包入馅，做成馄饨。
3 在沸水中下入馄饨，加一次冷水，待再沸后捞起，盛入碗中，淋上芝麻油即可。

我要长高啦

猪瘦肉含铁丰富，荠菜含铁也很丰富，荠菜还含有维生素C，有利于促进铁的吸收。猪肉荠菜馄饨营养比较均衡，有利于摄入充足的蛋白质，并预防孩子缺铁。

长高指数：

　山药1段
橙子1个

1 橙子去皮，榨汁备用。
2 山药去皮，切成小段，放入开水中煮熟后捞出沥干，压成泥。
3 山药泥放入橙汁中拌匀即可。

橙汁山药

我要长高啦

橙子含有丰富的维生素C，若孩子不喜欢吃蔬菜、水果，可以偶尔榨汁给孩子喝。日常推荐直接吃水果，以免营养流失。

长高指数：

B 族维生素：让孩子活力四射

B 族维生素参与人体消化吸收、肝脏解毒等生理过程，是食物释放能量的关键，对维持人体的细胞分化、能量转化以及生长发育起着重要作用。B 族维生素还能帮助孩子缓解运动疲劳，持续维护其神经系统的健康。

不同年龄每日 B 族维生素需求量

B 族维生素可谓是维生素中的大家族，目前可细分为 8 个成员。这些成员主要来自谷物、动物肝脏、动物肾脏、豆类、肉类等。因此家长在为孩子搭配营养餐时，无须过分担心 B 族维生素摄入不足，只要保证饮食均衡，适量摄入全谷类、肉类、鱼虾、豆腐、绿叶蔬菜等食物，孩子就可以获取充足的 B 族维生素，变得朝气十足。

烹饪方式正确，补充效果加倍

因为 B 族维生素是水溶性的，很难长时间贮藏于人体内，它会随着尿液和汗液排出体外，所以人体每天必须补充足量的 B 族维生素。大部分 B 族维生素在酸性环境中比较稳定，但在碱性环境中却非常容易被破坏，特别是高温状态下。因此，家长若给孩子煮面条，要选用不含碱的面条。但也有例外，维生素 B_9（叶酸）在酸性条件下加热时会变得不稳定，而在中性条件下比较稳定，即使加热 1 小时也不会被破坏。所以在加热叶酸含量较高的食物（如菠菜）时，最好不要加醋，因为加醋会分解破坏叶酸，还会使菠菜的口感变"涩"。

如今，随着生活水平的日渐提高，主食加工越来越精细，这容易造成食物中的 B 族维生素的损失。因此，家长应保障孩子能够适量摄入全谷类食物，以免长期摄入过于精细的米面。肝类、豆类、蛋类均富含 B 族维生素，孩子也应保持对这类食物的摄入，吃鸡蛋不能只吃蛋白而不吃蛋黄。

必要时在医生指导下服用B族维生素补充剂

如果孩子严重缺乏B族维生素，可以适量吃一些B族维生素补充剂，但必须经医生检查，确定有B族维生素缺乏症状，才可以进行补充。如果只是轻微缺乏B族维生素，则完全可以通过日常饮食补充，如多吃B族维生素含量高的食物来改善。

值得注意的是，一些孩子因为挑食、偏食而患上B族维生素缺乏症，也有一些孩子因为肠胃功能偏弱、消化吸收不好而患上B族维生素缺乏症。这时，应该及时调整孩子的饮食结构，使其合理化，以保证营养摄入均衡，同时鼓励孩子多吃B族维生素含量高的食物。

B族维生素种类与常见富含食物

B族维生素种类	常见生理功能	常见富含食物
维生素B_1（硫胺素）	维持神经与肌肉的正常发育，维持正常的食欲	全麦粉、葵花籽、猪肉
维生素B_2（核黄素）	参与能量代谢，促进铁的吸收，抗氧化	肝类、蛋黄、牛奶、绿叶蔬菜
维生素B_3（烟酸）	参与氨基酸的代谢，促进脂肪合成	肝类、瘦肉、鱼、坚果
维生素B_5（泛酸）	参与脂肪酸的合成与降解，参与氨基酸的氧化降解	肝类、瘦肉、鸡蛋、全谷类、蘑菇、甘蓝类
维生素B_6（吡哆素）	参与氨基酸、糖原、脂肪酸的代谢	鸡肉、鱼肉、肝类、豆类、坚果、蛋黄
维生素B_7（生物素）	参与脂类、碳水化合物、某些氨基酸和能量的代谢	肝类、蛋黄、牛奶、燕麦、花菜、豌豆、菠菜
维生素B_9（叶酸）	促进细胞分裂与身体发育	菠菜、肝类、黄豆
维生素B_{12}（钴胺素）	参与核酸、蛋白质合成	肝类、瘦肉、鸡蛋

玉米浓汤

甜玉米1根
黄油10克
面粉15克
牛奶80克
高汤1碗
盐、黑胡椒粉各
适量

1 炒锅里放入黄油，开小火加热使黄油熔化，放入面粉，小火翻炒均匀至没有面粉颗粒的状态，倒入牛奶，小火煮至浓稠的状态。

2 甜玉米洗净，取玉米粒，将玉米粒和高汤一起倒入搅拌机内，搅打成糊状。

3 将玉米糊倒回炒锅中，搅拌均匀，中小火煮开，最后加盐和黑胡椒粉调味即可。

我要长高啦

玉米浓汤中含有丰富的膳食纤维和B族维生素，其中膳食纤维有预防便秘的作用。

长高指数：🚀🚀🚀🚀

大米50克
猪小排1根
皮蛋1个
芹菜碎、姜丝、
芝麻油、盐各
适量

1 大米洗净；猪小排洗净切段，放入锅中，加入水，煮出血水后捞出洗净；皮蛋去壳，切丁备用。

2 将猪小排放入锅中，加大米和适量水，再加入姜丝、盐一起小火熬煮1小时。

3 待大米熟透后，加入芹菜碎、皮蛋丁再焖煮4~5分钟，淋上芝麻油即可。

皮蛋排骨粥

我要长高啦

猪小排含有丰富的优质蛋白质、B族维生素等营养素，皮蛋排骨粥易于消化，能帮助孩子快速补充能量。

长高指数：🚀🚀🚀🚀🚀

青豆浓汤

青豆100克
黄油25克
淡奶油60毫升
盐适量

1 青豆洗净，沥干；炒锅加热，放入黄油使其均匀熔化，放青豆翻炒1分钟，加盐翻炒均匀。

2 锅中加适量水，盖上锅盖，大火煮沸后转小火，待青豆完全熟烂，锅里的水收至八成时，将青豆连水一起倒入搅拌机中搅打成泥。

3 将青豆泥倒回锅中，加入淡奶油，小火加热至开始鼓泡关火，盛入汤碗中，淋上淡奶油装饰即可。

我要长高啦

青豆浓汤营养丰富，富含能量，而且含有丰富的B族维生素，汤的浓稠度可根据孩子的口味、喜好调整。

长高指数：

红豆沙点心

红豆250克
白糖、植物油各适量

1 红豆洗净，提前浸泡一夜，放入高压锅内，加入1.5倍的水，煮至水分差不多收干，红豆熟烂。

2 用筛网过滤出红豆皮，使用一块干净的纱布，包入红豆泥，攥干水分。

3 油锅烧热，放红豆泥翻炒，加白糖调味，翻炒至水分收干成红豆沙团即可。炒好的豆沙可以直接吃，也可以用来给孩子做好吃的豆沙包等小点心。

我要长高啦

红豆富含维生素B_1、维生素B_2、蛋白质及镁、铁、锌、钾等多种营养物质。自制的红豆沙点心可以控制白糖和植物油的用量，给孩子吃更放心。

长高指数：

维生素 A：促进生长，维持骨骼发育

维生素A是指具有视黄醇生物活性的一类化合物，是儿童比较容易缺乏的营养素。维生素A与骨骼的发育、免疫功能的成熟密切相关，此外，还能促进机体对铁的吸收利用。维生素A可以通过两类食物获得，一类是本身就富含维生素A的食物，另一种是富含胡萝卜素的食物，它们会在体内转化为维生素A。合理搭配孩子的饮食，就可以让其通过食物获得充足的维生素A。

不同年龄每日维生素A需求量

宝宝出生后应及时补充维生素A，并持续补充到3岁。母乳中的维生素A、维生素D具有较好的生物活性，是婴儿期非常重要的营养来源。虽然婴儿可通过母乳吸收维生素A、维生素D，但是乳汁中的维生素A、维生素D含量依旧无法满足婴儿体格发育所需，尤其是早产儿、双胞胎、低出生体重宝宝，须及时补充。

6~12个月	中国营养学会建议，每日摄入350微克维生素A即可。建议按照辅食添加原则，尽早让宝宝多摄入富含维生素A的食物。维生素A和胡萝卜素在动物性食物（如乳类、蛋类、动物内脏）、深色蔬菜和水果（南瓜、胡萝卜、西蓝花、菠菜、芒果和橘子等）中含量丰富
1~4岁	每日建议摄入360微克维生素A，每周可以安排1次或2次肝类食物，如鸡肝、猪肝等，每次摄入50克以内即可
4~10岁	每日建议摄入500微克维生素A，要鼓励孩子多吃蔬菜、水果，如番茄、橘子等富含胡萝卜素的食物
11~12岁	男孩每日建议摄入670微克维生素A，女孩每日建议摄入630微克维生素A

注：1.根据中国营养学会《中国居民膳食营养素参考摄入量》等整理。

2.植物中所含的是维生素A原，主要是胡萝卜素，在体内可转化成维生素A。

"AD同补"更高效

机体所需的维生素A均从食物中获得,因此膳食中维生素A供给不足是造成人体维生素A缺乏的直接原因和主要原因。为了防止维生素A缺乏的情况,需要合理搭配孩子的饮食,尽量让孩子通过食物获得足够的维生素A,也可以使用维生素AD制剂予以补充。维生素A和维生素D同为脂溶性维生素,选择剂量合理的维生素A、维生素D同补制剂(比例为3:1的滴剂)更为经济、方便。采取维生素AD同补的方式,既能够满足儿童对两种维生素的生理需求,也能让维生素A和维生素D对机体发挥协同作用(研究发现,维生素A可以使维生素D更好地发挥生物学活性),达到"1+1>2"的效果。

维生素A需要持续补充吗

长高贴士

对于饮食均衡的孩子,可以通过日常饮食,如奶类、肝类、富含胡萝卜素的蔬菜和水果来获得充足的维生素A,不需要额外补充。但如果有缺乏风险,可以在医生指导下进行补充。如果长期大剂量或一次剂量超过10万国际单位(即34.4毫克),就有中毒的风险。

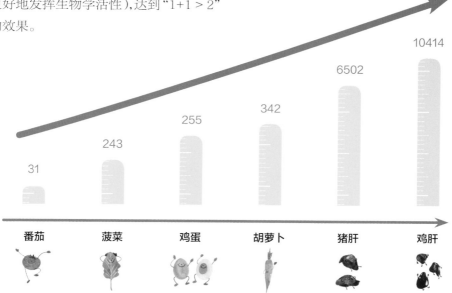

番茄 31
菠菜 243
鸡蛋 255
胡萝卜 342
猪肝 6502
鸡肝 10414

常见补维生素A食材(每100克食材可食部分维生素A含量 单位:微克)

番茄花菜

长高指数：

花菜1棵
番茄1个
豌豆30克
番茄酱、盐、
植物油、水淀粉
各适量

1 花菜去根部，切成小朵，用淡盐水浸泡10分钟后用清水冲洗干净；番茄洗净，切成块。

2 锅里加水，大火烧沸，放入花菜和豌豆焯烫2分钟，捞出沥干水分备用。

3 油锅烧至七成热，放入番茄、花菜、豌豆翻炒一会儿，加入番茄酱，翻炒均匀。

4 加入适量水，中火煮1分钟至番茄有点糊化的状态，转大火，倒入水淀粉勾芡，加盐调味即可。

我要长高啦

番茄中的胡萝卜素可以在体内转化成维生素A；花菜的维生素C含量非常高，能够促进孩子的生长发育，增强体质，提升抵御疾病的能力。

番茄汁

长高指数：

 番茄1个

1 番茄洗净，用开水烫一下，剥去番茄皮。

2 将番茄切成小块，放入料理机内，加适量水，搅拌成番茄糊后，用过滤网过滤，滤出番茄汁即可。

我要长高啦

番茄含有丰富的胡萝卜素、维生素C、番茄红素等。番茄的吃法多种多样，口味酸酸甜甜，深受孩子喜爱。

小炒胡萝卜

胡萝卜1/2根
干黑木耳1小把
黄彩椒1/4个
植物油、葱段、
姜丝、盐各适量

1 干黑木耳泡发洗净，切丝；胡萝卜、黄彩椒分别洗净切丝。

2 油锅烧热，放入葱段、姜丝炒香，再放入胡萝卜丝炒至发软，加入黑木耳丝和黄椒丝翻炒，加盐调味即可。

我要长高啦

胡萝卜富含胡萝卜素，适量摄入有利于补充维生素A，可以煮着吃，也可以炒着吃。

长高指数：

低聚果糖：改善肠道功能，促进钙、铁吸收

低聚果糖（FOS）是一种典型的益生元，是一种符合当代健康理念的新型糖原。研究显示，动物或人体摄入低聚果糖，可令肠道中的双歧杆菌增殖，进而改善肠道菌群；润肠通便，降低血液中的脂质和胆固醇的含量，改善脂质代谢；抑制肠道中腐败物质的产生，促进钙、铁等矿物质元素的吸收。

低聚果糖可以改善肠道菌群，缓解便秘

低聚果糖能够被结肠中双歧杆菌、乳酸菌等利用发酵，从而显著刺激结肠益生菌的产生，改善肠道微生态环境，有润肠通便、增加肠道免疫力的作用。低聚果糖属于小分子水溶性膳食纤维，能吸收水分并使粪便变稀，还可以刺激肠道蠕动，促进排便，预防和缓解便秘。

含低聚果糖的常见食材

低聚果糖常被添加到奶粉、酸奶和纯牛奶等乳制品中，在羊奶或牛奶中添加低聚果糖可促进发酵过程中双歧杆菌等益生菌的增殖。含有低聚果糖的食物主要包括：黑麦、小麦、大麦、燕麦和洋葱、韭葱、芦笋、大蒜、莴苣、番茄等蔬菜，以及香蕉等水果。

常见食物中总低聚果糖的含量（100克可食部分　单位：毫克）

食物类别	食物名称	FOS	食物类别	食物名称	FOS	食物类别	食物名称	FOS
水果	香蕉	140	水果	绿苹果	10	蔬菜	甜土豆	20
	桃	40		甜瓜	10		甘薯	20
	芭蕉	40	蔬菜	大葱	850		蚕豆	10
	脐橙	30		大蒜	390		豌豆	10
	黑莓	20		洋葱	110	谷类	小麦胚芽	420
	紫葡萄	20		豌豆，脆	110		黑麦	380
	红李子	20		韭葱	90		花生米	220
	红覆盆子	20		莴苣	50		大麦	170
	西瓜	20		胡萝卜	20		小麦	130
	红苹果	10					燕麦	30

注：数据摘自《中国居民膳食营养素参考摄入量（2013版）》，中国营养学会编著。

洋葱肉末炒蛋

洋葱50克
鸡蛋2个
猪肉末30克
盐、橄榄油各
适量

1 洋葱去皮洗净,切成洋葱碎;鸡蛋加少许盐,搅散成蛋液备用。

2 油锅烧热,放入猪肉末炒至颜色变白,加入洋葱碎炒香。

3 倒入鸡蛋液,翻炒至蛋液凝固,加盐调味即可。

 我要长高啦

洋葱含有较丰富的低聚果糖及维生素C,和鸡蛋、肉末搭配,能促进铁的吸收。

长高指数:🚀🚀🚀

低筋面粉120克
蛋黄1个
黄油75克
糖粉45克
香草精1/2匙
盐适量

香酥造型饼干

1 黄油切丁,室温软化后依次加入糖粉、蛋黄、香草精,筛入低筋面粉和盐,用刮刀拌匀。

2 将面团压成片状,包上保鲜膜放置冰箱冷藏20~30分钟,取出擀成约3毫米厚的片。

3 用喜爱的饼干模具在面片上压出造型,做成饼干坯,摆放在烤盘上。

4 烤箱开180℃,预热10分钟,将烤盘放在中层,烤10分钟即可。

 我要长高啦

低筋面粉中含有一定量的低聚果糖,和黄油、面粉一起做饼干,可以作为孩子的能量零食。

长高指数:🚀🚀🚀🚀

从营养角度考虑，身高管理重在日常饮食管理。
本章从一日三餐入手，涉及食材丰富，常见易买，
有五谷、蔬菜、水果、肉蛋、鱼虾……
简单的烹调方式，清淡的调味方法，有趣的零食加餐，
纠正孩子挑食、吃饭磨蹭等不良饮食习惯。
每一道菜都有营养分析，
家长照着做，
让孩子饮食不单调，身高不用愁！

第 3 章

三餐搭配好，
身高不掉队

粗细粮搭配，给肠道添活力

南瓜粥

大米50克
南瓜50克

1 大米洗净，和水以1：5的比例放入锅中；南瓜去皮、瓤，切块加入锅中。
2 小火熬煮40分钟至粥稠即可。

 我要长高啦

南瓜含有丰富的钾、镁、胡萝卜素等，其中胡萝卜素在体内可以转化为维生素A，这种营养素能维护孩子视力及免疫力。

长高指数：

大米50克
紫薯50克

1 大米洗净；紫薯洗净去皮，切小块。
2 锅中放足量水，加入大米和紫薯块，大火煮开后转中小火，煮至大米黏稠即可。

紫薯粥

 我要长高啦

紫薯含有丰富的碳水化合物、膳食纤维、维生素及硒、钾等多种矿物质，同时还富含花青素，天然花青素具有抗氧化功能。

长高指数：

黄金小米粥

小米50克
玉米粒50克

1 小米洗净，放入锅中，加适量水浸泡30分钟，大火煮开。
2 转小火慢炖30分钟，加入玉米粒，再炖20分钟即可。

我要长高啦

玉米和小米搭配，口感更好，营养也比单纯的米粥更丰富。小米含有丰富的胡萝卜素，所含铁、B族维生素的量均比大米高。

长高指数：🥔🥔🥔

大米50克
绿豆20克
红薯30克

1 绿豆洗净，提前浸泡一夜；大米洗净；红薯洗净去皮，切块。
2 绿豆放入电饭锅，加适量水，煮20分钟，放入大米和红薯块一起煮至米开豆烂即可。

绿豆红薯粥

我要长高啦

绿豆属于杂豆类，含有丰富的碳水化合物、蛋白质、钾、镁、钙、膳食纤维等，与大米、红薯一起煮粥，粗细搭配，促进营养吸收。

长高指数：🥔🥔🥔🥔

血糯米红豆丸子粥

血糯米 30 克
红豆 30 克
糯米丸子 10 粒
蜂蜜适量

1 红豆、血糯米洗净，提前浸泡一夜；锅中加适量水，放入红豆、血糯米一起煮约40分钟至米开豆烂。

2 另起一锅加水烧开，放入糯米丸子，下锅后要不停搅拌，待丸子都漂起来便熟了。

3 将煮熟的丸子捞出，放入血糯米红豆粥中，吃的时候拌入蜂蜜即可。

 我要长高啦

血糯米、红豆和糯米中含有碳水化合物、蛋白质和膳食纤维，可以为孩子提供能量。若给1岁以下的孩子吃，不要加蜂蜜。

长高指数：🚀🚀🚀

玉米红薯软面

面条 20 克
红薯 20 克
玉米粒 20 克

1 玉米粒洗净，放入开水中煮熟，倒入搅拌机内，搅打成玉米泥；红薯去皮洗净，切小块，放入锅内蒸熟，取出研成泥。

2 锅内加水，将面条煮至软烂。

3 将煮好的面条盛入碗中，倒入红薯泥和玉米泥，搅拌均匀即可。

 我要长高啦

红薯含有丰富的碳水化合物，还含有一定的胡萝卜素，孩子可以适量摄入薯类，作为主食的一部分。

长高指数：🚀🚀🚀

红豆大米饭

红豆50克
大米50克

1 红豆洗净，提前浸泡一夜，倒入锅里，加入足量水，大火煮开后再转小火，煮至红豆略微膨胀，用手指可以碾碎的状态关火。
2 将红豆与洗净的大米一起倒入电饭锅内。
3 倒入煮红豆的水，启动电饭锅的煮饭模式，等待饭煮熟即可。

我要长高啦

红豆属于杂豆类，营养价值较高，含有碳水化合物、蛋白质、钾、镁、铁、B族维生素等。红豆中还含有较多的膳食纤维，可预防孩子便秘。

长高指数： 🚀🚀🚀🚀

彩虹牛肉糙米饭

糙米100克
牛肉20克
南瓜20克
四季豆15克
紫甘蓝10克
盐适量

1 牛肉煮熟，剁成肉泥；所有蔬菜洗净，分别切碎末；糙米洗净，浸泡4小时。
2 紫甘蓝碎、南瓜碎、四季豆碎和牛肉泥中分别加入浸泡过的糙米与盐，搅拌均匀。
3 将拌匀后的牛肉泥先铺在盘子底部，上面摆放好蔬菜，把盘子放入蒸锅中，大火蒸20分钟至熟即可。

我要长高啦

紫甘蓝富含叶酸和维生素C；牛肉富含优质蛋白质、铁、锌等；糙米中B族维生素、膳食纤维含量高。彩虹牛肉糙米饭将谷类、肉类、蔬菜等相结合，营养丰富且均衡。

长高指数： 🚀🚀🚀🚀🚀

南瓜杂粮软米饭

小南瓜1个
大米50克
薏米20克
小米20克
葡萄干20克
玉米粒10克

1 大米洗净；薏米洗净，浸泡2小时；小米、玉米粒洗净；葡萄干切碎。

2 小南瓜洗净，切去顶部，挖去内瓤，做成南瓜碗，将洗净泡好的食材和葡萄干碎混合，装入南瓜碗里。

3 盖上南瓜盖，放入蒸锅中，蒸至米饭熟软即可。

我要长高啦

薏米含有丰富的碳水化合物、钾、铁、硒等，和大米、小米搭配煮饭，营养互补。

长高指数：🚀🚀🚀

紫米75克
糯米75克
油条1根
肉松15克
萝卜干10克

1 紫米和糯米混合洗净，浸泡2小时，放入锅中，加适量水煮成紫米饭。

2 保鲜膜上铺紫米饭，再铺上肉松，撒上萝卜干；油条对半切开，放在紫米饭上；卷起紫米饭，捏紧后撕开保鲜膜即可。

紫米饭团

我要长高啦

紫米饭团让孩子均衡摄入五谷杂粮、肉和蔬菜，补充能量的同时，保证了膳食纤维和维生素的同步摄入，促进了营养的吸收。

长高指数：🚀🚀🚀🚀

玉米蛋炒饭

黄瓜 1/4 根
胡萝卜 1/4 根
玉米粒 30 克
米饭 1 碗
鸡蛋 1 个
植物油、生抽、
盐各适量

1 黄瓜、胡萝卜分别洗净，切丁；玉米粒用开水焯烫后捞出，沥干水分；鸡蛋打成蛋液备用。

2 油锅烧热，倒入蛋液炒成鸡蛋碎，加入黄瓜丁、胡萝卜丁、玉米粒一起翻炒，再加入米饭炒散。

3 翻炒均匀后，淋生抽翻炒，最后加盐调味即可。

 我要长高啦

玉米蛋炒饭搭配了多种食材，可以提供孩子所需的营养及热量，而且颜色丰富，能引起孩子的食欲。

长高指数：🚀🚀🚀🚀

玉米面粉 50 克
面粉 150 克
牛奶 150 毫升
红枣 40 克
白糖、植物油、
即发酵母粉各
适量

1 将面粉、玉米面粉、白糖混合，放入即发酵母粉，倒入牛奶拌匀；红枣去核切碎，加入玉米面中，用手揉成面团，盖保鲜膜发酵 10 分钟。

2 取一小块发酵好的玉米面团，揉圆，用拇指戳一个洞，做成窝头坯。

3 蒸锅中加水，大火烧开，取窝头坯放入刷了油的盘中，蒸约 15 分钟即可。

红枣玉米窝窝头

 我要长高啦

红枣吃起来甜甜的，很受孩子喜爱。与玉米面粉、牛奶搭配，做成面食，口味好，营养更丰富。

长高指数：🚀🚀🚀🚀

黑芝麻馒头

面粉250克
熟黑芝麻粉15克
白糖7克
即发干酵母3克
牛奶125毫升

1 即发干酵母、白糖用牛奶溶解后倒入面粉，揉成面团，加入熟黑芝麻粉揉匀，盖保鲜膜醒发至2倍大。
2 将面团分成6等份，揉圆成馒头坯排放在铺上湿纱布的蒸锅里，盖上锅盖，二次醒发30分钟。
3 蒸锅中加水，大火烧上汽后转中火蒸约15分钟，关火闷3分钟即可。

 我要长高啦

黑芝麻馒头不论是作为正餐还是点心，都是合适之选。黑芝麻日常可以作为菜的配料和装饰用，可以将黑芝麻馒头搭配其他蔬菜当营养早餐。

长高指数：🚀🚀🚀

红薯发糕

红薯1个
面粉280克
白糖25克
即发干酵母3克
葡萄干、植物油各适量

1 红薯去皮洗净，切成片，蒸熟后用勺子按压成红薯泥。
2 将红薯泥、白糖、温水、即发干酵母混合，加入面粉，拌匀；容器刷一层油，将面糊铺平在容器内，撒上葡萄干做点缀，盖上保鲜膜发酵，做成发糕坯。
3 蒸锅里加足量水，将发糕坯放入蒸锅，大火烧开后，转中火蒸约25分钟，关火后闷5分钟即可。

 我要长高啦

薯类含有丰富的碳水化合物，还富含钾、胡萝卜素等营养物质，红薯中的可溶性膳食纤维比较高，能促进孩子肠胃蠕动，防止便秘。

长高指数：🚀🚀🚀

黑麦土豆丝卷饼

1

2

3

4

长高指数: 🚀🚀🚀🚀

面粉170克

黑麦面粉30克

土豆1个

青椒丝、葱花、
植物油、生抽、
醋、盐各适量

1 将黑麦面粉和面粉混合,倒入开水搅拌,稍放凉后揉成面团,盖保
鲜膜醒发20分钟,将面团分成8个小剂子。

2 将小剂子面团压扁成圆饼形,在表面和侧面都刷上一层油,覆盖上
另一个圆面饼,用擀面杖擀成薄饼。

3 锅里放入擀好的圆饼,中小火烙至饼的两面都出现均匀的焦黄色。

4 土豆洗净去皮,切丝,用水洗去表面淀粉,沥干;油锅烧热,放入
葱花爆香,加青椒丝和土豆丝煸炒,淋入适量生抽和醋,炒熟后加
盐调味。将土豆丝、青椒丝铺在饼上,卷起来即可。

 我要长高啦

偶尔给孩子吃些用黑麦面粉做的粗粮面食,能够摄入适量膳食纤维,
预防便秘。粗粮饼配土豆丝和青椒丝,美味又营养,再搭配鸡蛋和牛奶,
营养更全面。

95

鸡蛋灌饼

长高指数：🚀🚀🚀🚀

中筋面粉200克
燕麦粉100克
植物油25克
面粉15克
鸡蛋3个
盐、椒盐、
葱花各适量

1 中筋面粉、燕麦粉、水、盐混合，揉成光滑均匀的面团，分为8份，盖上保鲜膜醒发30分钟；取植物油、面粉各15克，制成油酥。

2 取面团擀成椭圆形，刷上油酥，撒上椒盐，将面皮上下向内折，折成3折，两端捏紧，擀开成圆形面饼，依次处理剩下的面团。

3 油锅烧热，把面饼铺到锅上，拉扯摊平，煎约1分钟后，面饼中间鼓起来时翻面，翻面时注意避免翻破。

4 用筷子将饼的边缘戳破；鸡蛋加葱花打散，再将蛋液从饼皮戳破的地方灌入，拎起面饼，让蛋液流淌均匀，继续煎至两面金黄即可。

 我要长高啦

鸡蛋灌饼含丰富的碳水化合物、蛋白质、多不饱和脂肪酸，以及多种维生素和矿物质，早上搭配杂粮粥，营养均衡又丰富。

葱油饼

面粉 100 克
荞麦粉 100 克
盐、椒盐、
植物油、
葱花各适量

1 将葱花、植物油、盐、椒盐混合拌匀做成葱花油。

2 面粉、荞麦粉混合，将150毫升开水缓缓加入面粉中，边加边搅拌，揉成团，包上保鲜膜醒发20分钟。

3 取醒发好的面团分割成4等份，取一份面团擀薄，均匀地刷上葱花油，一端边缘处留2厘米不要刷。

4 将面皮卷成长条状，捏紧收口处，向内绕成螺旋状，放在抹了油的容器上，盖上保鲜膜醒发30分钟。

5 将葱油卷用擀面杖擀成圆饼状；油锅烧热，放入葱油饼，用中小火煎至两面金黄即可。

我要长高啦

葱油饼含有丰富的碳水化合物、不饱和脂肪酸，能为孩子提供能量，增强体力。

长高指数：

玉米面粉100克
面粉100克
牛奶120毫升
白糖20克
即发干酵母2.5克
无铝泡打粉2克
植物油、熟玉米粒各适量

1 将面粉、白糖、即发干酵母、玉米面粉、无铝泡打粉加入牛奶，搅拌均匀后揉成面团，醒发20分钟。

2 取醒发后的面团分8份，放入熟玉米粒，揉圆后压成饼状。

3 油锅烧至六成热，将饼坯放入锅中，小火煎至两面金黄即可。

玉米饼

我要长高啦

玉米面粉与小麦面粉相比，含有丰富的膳食纤维，能刺激胃肠蠕动，加速排便，有利于预防便秘。

长高指数：

每天吃蔬菜，视力好、身体棒

芹菜炒腰果

长高指数：🚀🚀🚀🚀

 腰果20克
芹菜250克
植物油、
海鲜酱油、
盐各适量

1 芹菜洗净，撕去老筋，斜切成小段。锅烧热水，加油和盐，放入芹菜段，焯烫1分钟后捞出过凉水，沥干。

2 冷锅凉油，加入腰果，中小火炸至腰果变色，捞出沥油。

3 锅中留底油，加入芹菜段，大火翻炒，调入盐、海鲜酱油，加入腰果，翻匀起锅即可。

 我要长高啦

芹菜含有丰富的膳食纤维，腰果富含蛋白质、不饱和脂肪酸等，搭配食用，营养丰富。

 莲藕1/2根
干黑木耳1小把
胡萝卜1根
豌豆50克
蒜末、盐、
橄榄油各适量

1 莲藕洗净切片；干黑木耳泡发洗净，撕小朵；胡萝卜洗净，切片；豌豆洗净焯熟。

2 油锅烧热，下蒜末炒香，依次倒入莲藕片、黑木耳、胡萝卜片、豌豆翻炒均匀。

3 蔬菜熟后，加盐翻炒几下即可。

田园时蔬

长高指数：🚀🚀🚀

 我要长高啦

汇集各类田园时蔬，颜色丰富，清脆爽口，营养丰富。食材的选择方面，可以根据孩子的饮食偏好进行调整。

地三鲜

土豆 1 个
茄子 1 个
青椒 1 个
葱花、姜末、
蒜末、生抽、
蚝油、老抽、
水淀粉、盐、
植物油各适量

1 青椒洗净，切块；茄子洗净，切滚刀块，撒少许盐抓匀，静置10分钟，挤去多余水分；土豆去皮洗净，切片；生抽、老抽、蚝油、盐、水混合调匀成料汁。

2 油锅烧至五成热，加入土豆片，炸至金黄捞出；油锅烧至八成热，下茄子块炸至变色捞出；再将青椒块入锅，大火炸十几秒后盛出沥油。

3 锅中留少许底油，放入葱花、姜末、蒜末爆香，加入调好的料汁煮开，放入炸好的蔬菜，大火翻炒使蔬菜裹上汤汁，沿锅边淋入水淀粉，快速翻炒至汤汁收浓即可。

我要长高啦

土豆含有碳水化合物、钾等营养素，青椒含有钾、维生素C和膳食纤维等，茄子含有一定量的钾、钙及膳食纤维等，多样蔬菜搭配食用，营养丰富。

长高指数：🚀🚀🚀

豆腐皮 1 张
白菜心 1 棵
胡萝卜 1 根
花生米 30 克
香菜段、蒜末、
醋、植物油、
生抽、盐、芝
麻油各适量

1 豆腐皮、白菜心、胡萝卜分别洗净切丝；白菜丝、胡萝卜丝分别放开水锅焯烫一下，捞出沥水。

2 花生米冷油下锅，用小火炸至变色，捞出趁热加入盐拌匀，晾凉。

3 将盐、生抽、醋、芝麻油、蒜末调成料汁。

4 碗中放入白菜丝、豆腐皮丝、胡萝卜丝和香菜段，淋入拌好的料汁拌匀，撒上一些花生米即可。

腐皮菜心

我要长高啦

豆腐皮富含蛋白质、钙、铁、锌等多种营养素，可以和多种蔬菜搭配组合出营养又美味的菜肴。

长高指数：🚀🚀🚀🚀

蚝油生菜

长高指数：

生菜200克
蒜末、葱花、
蚝油、生抽、
干淀粉、
植物油、
盐各适量

1 生菜洗净；蚝油、生抽、干淀粉、盐、水加入碗中，搅拌成蚝油汁。

2 锅烧开水，加入几滴油、盐，加入生菜，在开水中焯烫7~8秒钟，放入凉开水中过凉，沥水后盛入盘中。

3 油锅烧热，放入葱花、蒜末炒香，倒入蚝油汁，煮沸至汤汁收浓时关火，淋在焯好的生菜上，撒上葱花即可。

我要长高啦

生菜含有维生素C，还含有钙、钾、镁等营养物质，有利于孩子的骨骼健康和牙齿发育。

蚝油草菇

长高指数：

草菇200克
红椒块、葱丝、
蚝油、植物油、
盐各适量

1 草菇洗净后切成两半。

2 油锅烧热，放入红椒块和葱丝炒香，放入草菇，翻炒一会儿至草菇变软。

3 加入蚝油和盐，翻炒均匀即可。

我要长高啦

草菇含有多种氨基酸，味道鲜美，蛋白质含量也略高于普通蔬菜。草菇还含有多糖、膳食纤维等营养物质，很适合孩子食用。

黑椒杏鲍菇

杏鲍菇1个
橄榄油15克
黑胡椒粉、
盐各适量

1 杏鲍菇洗净后切成约5毫米厚的片。

2 油锅烧热，放入杏鲍菇片，撒上盐，煎至变软后翻另一面，等杏鲍菇片周围微泛黄关火，最后撒黑胡椒粉即可。

 我要长高啦

> 杏鲍菇含膳食纤维、B族维生素以及钙、磷、钾等矿物质，用橄榄油煎着吃，营养又美味。

长高指数：🚀🚀🚀🚀

莴苣木耳蛋

莴苣1根
鸡蛋2个
干黑木耳1小把
葱花、植物油、
蚝油、盐各适量

1 莴苣去皮洗净，切薄片；干黑木耳泡发洗净，撕小朵；鸡蛋打散。

2 油锅烧热，倒入打散的鸡蛋液，大火炒散后盛出。

3 锅里留底油，放葱花煸香，加入黑木耳和莴苣片翻炒，调入盐，翻炒至黑木耳发出"噼啪"的声响，加入之前炒好的鸡蛋，调入蚝油，翻炒均匀即可。

我要长高啦

> 莴苣含膳食纤维、钾等；黑木耳含有丰富的铁，还含有一定量的膳食纤维；鸡蛋富含蛋白质、卵磷脂、维生素A、锌、硒等。莴苣木耳蛋有开胃、促消化的作用。

长高指数：🚀🚀🚀🚀

炝炒莲白

圆白菜 1/2 棵
培根 1 片
生抽、盐、
植物油各适量

1 培根切小条；圆白菜洗净，撕小片。

2 油锅烧热，放入培根条煎一下，取出备用。

3 锅中留底油，放入圆白菜翻炒片刻，再加入培根、生抽一起翻炒，出锅前加盐调味即可。

 我要长高啦

圆白菜含有丰富的维生素C、钙等营养素，培根含优质蛋白质，两者搭配，为孩子提供更丰富的营养。

长高指数：🚀🚀🚀

奶酪西蓝花

西蓝花 1 棵
胡萝卜 1/4 根
奶酪片、蒜末、
橄榄油、盐
各适量

1 西蓝花洗净切小朵；胡萝卜洗净切薄片；胡萝卜、西蓝花分别放入开水锅中焯烫一下，捞出沥干。

2 油锅烧至五成热，放入蒜末炒香，再放入西蓝花和胡萝卜翻炒2分钟，加盐炒匀，盛入烤盅内。

3 蔬菜上盖上奶酪片；烤箱预热，220℃烤5~10分钟，烤至奶酪融化即可。

 我要长高啦

西蓝花营养丰富，含有丰富的维生素C、钙、钾等，还含有丰富的抗氧化物质。奶酪西蓝花食材丰富，做法新颖，浓郁香甜的口味能让孩子爱上吃蔬菜。

长高指数：🚀🚀🚀🚀🚀

茭白毛豆

茭白1根
葱花、姜末、
生抽、毛豆、
植物油、盐
各适量

1 茭白削去外皮，切去老根，放开水锅中烫一下捞出，切成丝；毛豆放冷水锅煮约10分钟后捞起。

2 油锅烧热，放入葱花和姜末煸出香味，放茭白、毛豆、生抽、盐煸炒入味即可。

 我要长高啦

毛豆含有丰富的蛋白质和膳食纤维，口感香软；茭白口感微甜，两者搭配，口感清甜，可以给孩子配米饭或面条食用，补充更多能量。

长高指数：🚀🚀🚀🚀

豆芽炒粉条

黄豆芽200克
红薯粉条1把
香菜段、干辣椒、
葱花、生抽、
蚝油、植物油、
盐各适量

1 黄豆芽放入开水锅焯烫30秒捞出；再将红薯粉条煮软，捞出过凉水，沥干；干辣椒洗净，切碎。

2 油锅烧热，加入葱花和干辣椒碎炒香，加入黄豆芽翻炒，1分钟后加入红薯粉条炒散。

3 调入生抽、蚝油，翻炒均匀，太干可加入适量水，按口味调入盐，出锅前加入香菜段即可。

 我要长高啦

豆芽炒粉条含膳食纤维和碳水化合物等营养素。可以根据孩子的口味进行调味，孩子的食物宜清淡，辣椒可不放或用甜椒碎替换。

长高指数：🚀🚀🚀🚀

手撕蒜薹

蒜薹1把
蒜蓉、醋、生抽、
熟白芝麻、
盐、植物油、芝
麻油各适量

1 蒜薹洗净，去掉头、尾；锅烧开水，加植物油、盐，加入蒜薹，焯至断生，捞出过凉水。

2 蒜薹彻底冷却后，撕成细条，洗去残渣，沥干水装盘。

3 生抽、盐、醋、蒜蓉、芝麻油在碗中调匀，淋到蒜薹丝上，撒上熟白芝麻拌匀即可。

 我要长高啦

蒜薹富含膳食纤维，是预防便秘的好帮手。手撕蒜薹制作时易入味，咀嚼不费力，孩子更容易接受。

长高指数：🚀🚀🚀

山药1根
牛奶40毫升
蓝莓果酱适量

1 山药洗净，去皮后切成薄片放入盘中，上蒸锅，用大火蒸20分钟，直到山药能用筷子戳透。

2 将蒸好的山药放入碗中，用勺子压成细腻的泥状，加入牛奶搅拌均匀。

3 将裱花嘴放入裱花袋中，再将山药泥装进裱花袋中，挤在容器中，淋上蓝莓果酱即可。

蓝莓山药

我要长高啦

山药泥口感细腻，与蓝莓果酱搭配，酸甜可口，有利于唤起孩子的胃口。

长高指数：🚀🚀🚀

枫糖烤胡萝卜

迷你手指胡萝卜8~10根

枫糖浆、黑胡椒粉各适量

1 胡萝卜洗净，大的可对半切开；枫糖浆放入平底锅中，加适量水熬至浓稠。

2 枫糖浆中加少许黑胡椒粉做酱汁，涂满胡萝卜后放入180℃的烤箱烤5分钟。

3 取出翻面，再刷1次酱汁，继续烤5分钟即可。

 我要长高啦

迷你手指胡萝卜含有胡萝卜素、维生素等多种营养物质，为机体提供维生素A原，还能够增加机体抗氧化能力。

长高指数：🚀🚀🚀

玉米1根
胡萝卜1根
土豆1个
番茄1个
豆腐果4个
橄榄油、盐各适量

1 玉米、番茄分别洗净，玉米切段，番茄切块；土豆洗净，去皮切块；胡萝卜洗净切块；豆腐果泡软。

2 油锅烧热，放所有食材，翻炒2分钟。

3 锅中加水，烧开后转小火炖煮10分钟，加盐调味即可。

时蔬汤

我要长高啦

时蔬汤含有多种食材，能补充多种营养，并且为孩子提供一定的能量。

长高指数：🚀🚀🚀

吃肉有能量，长高不用愁

叉烧肉

长高指数：🚀🚀🚀🚀🚀

梅花肉500克
姜末、蒜末、
叉烧酱、蜂蜜
各适量

1 梅花肉洗净，切较厚长条，放入姜末、蒜末和叉烧酱抓匀，放进冰箱冷藏一夜，其间搅拌一次。
2 烤箱预热至200℃，腌好的梅花肉放在烤网上，表面刷一层蜂蜜，烤20分钟。
3 翻面刷一层蜂蜜，再烤20分钟。最后再刷一层蜂蜜，烤至上色。

我要长高啦

梅花肉肉质鲜美可口，可以为孩子补充蛋白质、铁、锌等营养素。

梅花肉200克
鸡蛋1个
菠萝块、老抽、
番茄酱、青椒
块、红椒块、
干淀粉、醋、
盐、蒜末、
植物油各适量

1 梅花肉洗净切块。
2 鸡蛋打入碗中，搅打成蛋液，加老抽调制成腌料。
3 将梅花肉块放入腌料中，腌制1小时后裹上干淀粉，放入油锅中炸至金黄捞出。
4 另起油锅，爆香蒜末，放入番茄酱和剩余调料，再依次加入菠萝块、青椒块、红椒块、梅花肉块炒匀即可。

菠萝咕咾肉

长高指数：🚀🚀🚀🚀🚀

我要长高啦

菠萝咕咾肉酸酸甜甜，深受孩子的喜欢。炎热的夏季，孩子胃口不佳时食用，开胃又下饭。

太阳肉

猪肉馅100克
鸡蛋1个
葱、姜、芝麻油、
生抽、盐各适量

1 葱、姜分别洗净切碎,加温水浸泡10分钟制成葱姜水;猪肉馅里加入葱姜水拌匀。

2 肉馅里再加入生抽、盐、芝麻油,用筷子顺一个方向搅打至肉上劲有黏性为止,将肉馅铺平,中间用勺子压一个小凹窝。

3 把鸡蛋打入凹窝内,放入蒸锅里,大火烧开后,转中火蒸20分钟至肉馅熟即可。

我要长高啦

有些孩子不爱吃肉,觉得肉太硬。这道太阳肉口感细嫩,更容易被孩子接受,还可以搭配青菜,营养更均衡。

长高指数: 🚀🚀🚀🚀🚀

豆腐泡酿肉

豆腐泡4个
胡萝卜1/4根
猪肉馅150克
葱花、葱段、
姜末、姜片、
生抽、植物油、
水淀粉、高汤各
适量

1 胡萝卜洗净切碎,放入猪肉馅中,加入葱花、姜末、生抽,搅拌均匀备用。

2 用筷子将拌好的肉末塞入豆腐泡内,注意不要戳通底部。

3 油锅烧热,放入葱段、姜片爆香,放入豆腐泡略煎一下,加入适量高汤,大火煮开后转小火炖煮,炖熟后收干汤汁,淋水淀粉勾薄芡即可。

我要长高啦

豆腐泡加猪肉,植物蛋白和动物蛋白的结合,可以为孩子提供优质蛋白质和铁。

长高指数: 🚀🚀🚀🚀

珍珠丸子

1

2

3

4

长高指数： 🚀🚀🚀🚀

猪肉馅200克
糯米100克
胡萝卜50克
鲜香菇2朵
鸡蛋1个
葱、姜末、
芝麻油、生抽、
蚝油、盐各适量

1 糯米洗净，浸泡2小时，沥干备用；鲜香菇洗净切碎；胡萝卜洗净，切碎末；鸡蛋取蛋清备用；葱洗净，切葱花。

2 将步骤1中切好的碎末和猪肉馅放入碗中，加入蛋清、姜末、盐、芝麻油、生抽、蚝油。

3 用筷子顺着一个方向画圈搅拌至肉馅上劲。

4 手上蘸点水，将肉馅揉成圆球，均匀地裹上糯米后用手轻轻按压表面，使糯米不易脱落，将做好的珍珠丸子码放在盘子内，蒸锅中放水，大火蒸25~30分钟即可。

 我要长高啦

珍珠丸子主料为猪肉和糯米，猪肉富含优质蛋白质，糯米含有较多的碳水化合物，二者结合在一起制作菜肴不仅好看、美味，营养搭配也比较均衡。

粉蒸排骨

排骨500克
南瓜1块
蒸肉米粉100克
姜片、老抽、
生抽、蚝油、
白胡椒粉、
高汤各适量

1 排骨斩小段，放入锅里，加水煮出血水后捞出洗净；生抽、老抽、姜片、蚝油、白胡椒粉加到排骨里，拌匀腌制30分钟，再加入蒸肉米粉、高汤拌匀待用。

2 南瓜去皮切片铺在盘中，再将排骨铺在南瓜上。

3 蒸锅里加入足量的水，放上排骨，大火烧开后转中火蒸约1小时即可。

我要长高啦

排骨含有较多的优质蛋白质和脂肪；米粉富含碳水化合物。米粉可以吸收排骨中的一部分油脂，变得浓香，同时减少排骨的油腻感。

长高指数：

牛腩500克
番茄500克
八角、葱结、
姜片、生抽、
盐、植物油
各适量

1 牛腩切小块，倒入锅中，加水煮开，煮出血沫后捞出洗净；番茄烫去皮，切成块。

2 油锅烧热，放八角炒香，倒入焯烫好的牛腩翻炒2分钟。

3 把炒好的牛腩转至炖锅，加入没过牛腩的开水，淋生抽，再放入姜片和葱结，大火煮开，转中小火焖煮1小时；加入番茄继续炖1小时，出锅前加盐调味即可。

茄香焖牛肉

 我要长高啦

牛肉可以补充优质蛋白质、铁、锌等；番茄能提供番茄红素、胡萝卜素等，还可以改善汤汁色泽，看起来美味诱人。

长高指数：

杏鲍菇炒牛肉粒

牛里脊肉150克
杏鲍菇2个
红彩椒1个
青椒1个
盐、水淀粉、
葱花、姜末、
生抽、植物油
各适量

1 杏鲍菇、青椒分别洗净，切丁；牛里脊肉洗净切小粒后，加入生抽、水淀粉拌匀，腌制15分钟。

2 油锅烧热，爆香葱花、姜末，放入腌好的牛肉粒，煸炒至牛肉粒变色。

3 放入杏鲍菇丁翻炒，再加入青椒丁翻炒，至杏鲍菇丁和青椒丁熟软后，加盐调味。

4 红彩椒切去顶端，挖空内核，洗净后装入炒好的杏鲍菇牛肉粒即可。

 我要长高啦

杏鲍菇炒牛肉粒荤素搭配，营养均衡。对于不爱吃饭的孩子，家长可以试试用彩椒做成小碗，让孩子更有兴趣。

长高指数：🚀🚀🚀🚀

鸡脯肉50克
青菜2棵
鸡蛋清1个
葱姜水、盐、
高汤、水淀粉
各适量

1 青菜洗净切末；鸡脯肉洗净剁成肉蓉。

2 将葱姜水、鸡蛋清加入鸡肉蓉里，用筷子顺一个方向搅拌至上劲。

3 锅里倒入高汤烧开，加入青菜碎末煮开，倒入水淀粉勾芡，加盐调味后盛在碗里备用。

4 锅里再倒水烧开，放入鸡肉蓉，大火煮至鸡肉蓉浮起，转小火煮熟，将煮好的鸡肉蓉捞出放入装有菜汤的碗中即可。

翡翠鸡蓉

 我要长高啦

鸡蓉肉质细嫩，口味鲜美，比肉丝、肉片更容易让孩子接受。鸡肉属于高蛋白低脂肪食材，可以经常给孩子食用。

长高指数：🚀🚀🚀🚀

柠檬鸡片

鸡胸肉70克
鸡蛋黄1个
芦笋3根

盐、水淀粉、
柠檬汁、醋、
橄榄油各适量

1 鸡胸肉洗净切片，放入大碗里，加入鸡蛋黄、盐、水淀粉抓匀备用；芦笋洗净，切段，用开水焯熟。

2 另取一个碗，将柠檬汁、醋、水淀粉拌匀，调成芡汁。

3 油锅烧至五成热，倒入鸡肉片煸炒至肉片发白，淋入调好的芡汁，翻拌均匀，烧至芡汁黏稠，加入芦笋翻炒即可。

 我要长高啦

柠檬含有一定的维生素C，与富含蛋白质的鸡肉和膳食纤维的芦笋搭配，不仅能增进孩子的食欲，营养也很丰富。

长高指数：🍗🍗🍗🍗

胡萝卜鸡肉丸子

鸡胸肉200克
胡萝卜1/4根
鸡蛋1个
芦笋3根

粗粒面包粉、
番茄酱、
植物油、盐各
适量

1 鸡胸肉洗净切末；鸡蛋取半个蛋清，剩余打成蛋液；鸡肉末中加入粗粒面包粉、盐、半个蛋清搅拌至肉馅上劲。

2 胡萝卜洗净切碎，放入肉馅中搅拌均匀，做成丸子，滚上鸡蛋液、粗粒面包粉。

3 油锅烧至五成热，下丸子，小火煎炸至表面金黄，内部熟透。

4 芦笋洗净切段，用开水焯熟，和丸子一起装盘，淋上番茄酱即可。

我要长高啦

胡萝卜鸡肉丸子味道鲜香，很受孩子欢迎。为了控制脂肪的摄入，可以用吸油纸吸去表面过多油脂，口感更清爽。

长高指数：🍗🍗🍗🍗

可乐鸡翅

鸡翅500克
可乐1/2罐
葱段、姜片、
盐、生抽、
植物油各
适量

1 鸡翅洗净，在开水中氽一下去掉腥味。

2 油锅烧热，放入鸡翅，煎到两面泛黄，放入葱段、姜片略翻炒，加入半罐可乐，再加入生抽和盐翻炒均匀。

3 大火烧开，转小火焖20分钟左右，再开大火收汁至浓稠但不干锅的状态即可。

 我要长高啦

可乐鸡翅味道鲜美、咸甜适中，为孩子提供蛋白质等营养素。

长高指数：🚀🚀🚀🚀

酱烤鸡翅

鸡翅500克
烤肉酱1包
葱花、姜末、
蒜末、生抽、
蜂蜜各适量

1 鸡翅洗净后沥干，用牙签在鸡翅背面扎几下，方便入味；将烤肉酱、生抽、蜂蜜、葱花、姜末、蒜末全部放入大碗中搅拌均匀，然后放入鸡翅，腌制过夜。

2 烤盘上铺锡纸，将鸡翅放在烤网上。

3 烤箱预热200℃，放在烤箱中层，烤10分钟后取出鸡翅，刷一层腌鸡翅的酱料，继续烤10~15分钟至表面呈焦黄色即可。

 我要长高啦

酱烤鸡翅味道鲜美，很受孩子的欢迎。为了控制脂肪的摄入，超重或肥胖的孩子可以去皮后再吃。

长高指数：🚀🚀🚀🚀

黄豆莲藕排骨汤

黄豆50克
莲藕1/4段
排骨100克
姜片、葱、
盐各适量

1 排骨洗净，放入锅中，煮出血沫后捞出备用；黄豆洗净，提前浸泡一夜；葱洗净，一部分打成葱结，一部分切葱花。

2 取砂锅，放入排骨、黄豆，加足量水，放入姜片、葱结，大火煮开，转小火炖1小时。

3 加入洗净切块的莲藕，继续炖半小时，最后加盐调味，撒上葱花即可。

 我要长高啦

此汤营养全面，味道鲜美，特别适合生长发育期的孩子食用。喝汤的同时更要吃排骨、莲藕、黄豆等食材。

长高指数：

日式炸鸡

鸡腿2个
干淀粉、生抽、
盐、黑胡椒粉、
植物油各适量

1 鸡腿去骨，剔除筋膜，切丁，加生抽、盐、黑胡椒粉腌制30分钟。

2 倒入干淀粉，让鸡腿肉上浆。

3 油锅烧热(筷子插进去能冒泡的热度)，放入鸡肉炸到金黄即可。

我要长高啦

日式炸鸡容易唤起孩子食欲，尤其适合食欲不佳、需要补充能量的孩子。但油炸食品不建议经常吃，可以偶尔吃一次。

长高指数：

日式炸猪排

长高指数：

猪里脊5片
鸡蛋1个
干淀粉、面包糠、
姜片、蒜瓣、
生抽、盐、
植物油各适量

1 猪里脊切片后用刀背拍打松散；
蒜瓣洗净，拍碎去皮；猪里脊肉中
加入姜片、生抽、盐与蒜瓣，冷藏
腌制一夜。

2 将鸡蛋打散，取出猪排依次裹上
干淀粉和蛋液，最后裹上面包糠。

3 油锅烧热，放入猪排炸4分钟，炸
到金黄即可。

我要长高啦

猪肉富含铁、蛋白质、B族维生素。日式炸猪排作为油炸
食品，建议一周给孩子吃一次，不建议超重的孩子食用。

牙签肉

猪里脊肉200克
干淀粉、白芝麻、
生抽、黑胡椒粉、
孜然粉、植物油
各适量

1 猪里脊肉切成1~2厘米的小丁，
加生抽、干淀粉、黑胡椒粉和植物
油拌匀，腌制1个小时。

2 腌好的猪里脊肉用牙签串上，油
锅加热至五成热，下猪里脊肉炸
制金黄色，捞出沥油。

3 待油沥干，撒上白芝麻和孜然粉
即可。

长高指数：

我要长高啦

猪里脊肉能为孩子提供优质蛋白质、铁、锌等多种营养
素，可以预防孩子缺铁性贫血。

骨汤菌菇羹

鲜香菇3朵
骨头汤1大碗
嫩豆腐1块
葱花、盐、
芝麻油、
水淀粉各适量

1 鲜香菇洗净，和嫩豆腐分别切丁；豆腐丁放入开水锅焯烫1分钟，捞出；事先煮好骨头汤，将骨头上的肉剔下来切碎。

2 骨头汤倒入锅中，放入香菇丁煮开，放入碎肉末和豆腐丁煮开。

3 加水淀粉搅匀，放盐和芝麻油调味，撒上葱花即可。

 我要长高啦

豆腐富含蛋白质、钙等营养素。骨汤菌菇羹味道鲜美，营养丰富，会是孩子爱吃的花样美食。

长高指数：

黄豆猪蹄汤

猪蹄1只
黄豆50克
花生米50克
姜片、葱段、
盐各适量

1 黄豆洗净，提前浸泡一夜；猪蹄洗净，剁成块；花生米洗净。

2 锅内加水烧开，放入猪蹄块和姜片，煮出血水后，捞出洗净。

3 砂锅内加入水、黄豆、花生米、猪蹄和葱段，大火炖15分钟，改小火炖约1.5个小时，至汤汁变白，放入盐调味即可。

我要长高啦

黄豆含有蛋白质、膳食纤维和维生素B；猪蹄含有丰富的脂肪和胶原蛋白。黄豆猪蹄汤可以给孩子补充能量和营养。

长高指数：

吃河鲜、海鲜长智慧

芙蓉虾仁

虾仁 150 克
鸡蛋 3 个
豌豆 50 克
盐、植物油
各适量

1 虾仁洗净去虾线，用盐腌制 10 分钟；鸡蛋取蛋清，用筷子轻轻搅打一下；豌豆放入开水锅中焯熟。

2 油锅烧热，滑一下虾仁立刻捞出；倒入蛋清，炒到稍微凝固，倒入虾仁和豌豆，加盐拌炒一下即可。

长高指数：

 我要长高啦

虾仁含有丰富的蛋白质、钙等营养素，属于低脂高蛋白食材，适合给孩子经常食用。

基围虾 250 克
鸡蛋 3 个
植物油、
葱花、姜片、
盐、玉米淀粉、
水淀粉各适量

1 基围虾去头和虾线，取虾仁，在背部划一刀，用盐腌制 5 分钟后洗净，沥干；鸡蛋取蛋清和蛋黄分别打散。

2 虾仁里加盐、蛋清搅拌匀，加入玉米淀粉拌匀腌制片刻；蛋黄液加入水淀粉拌匀。

3 油锅烧热，放入葱花、姜片炒香，再放入虾仁，滑散后捞出。

4 锅里留底油，倒入蛋黄液，待蛋液周围稍微凝固时倒入虾仁，炒散后等大部分的蛋液凝固盛出即可。

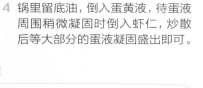

滑蛋虾仁

我要长高啦

虾仁属于低脂高蛋白食材，富含钙。滑蛋虾仁营养丰富，可以为孩子补充蛋白质，增加热量摄入。

长高指数：

凤梨虾球

凤梨果肉 150克
基围虾8只
盐、葱花、
橄榄油各适量

1 凤梨果肉切成小块；基围虾去头和虾线，取虾仁，在背部划一刀。

2 油锅烧热，爆香葱花，放入虾仁滑炒至变色，加盐调味，再加入切好的凤梨果肉，翻炒约1分钟即可。

我要长高啦

虾的蛋白质和微量元素含量丰富，营养价值高，充足的蛋白质摄入有利于增强孩子的抵抗力。

长高指数：🦐🦐🦐🦐

秋葵炒虾球

秋葵200克
虾仁100克
盐、干淀粉、
白胡椒粉、
植物油、葱花、
姜末各适量

1 秋葵放入盐开水中焯烫约20秒，捞出过凉水后切小段。

2 虾仁在背部划一刀，用清水洗净，加入盐，抓拌至虾肉产生黏性，再加入白胡椒粉、干淀粉抓拌均匀，腌10分钟。

3 油锅烧热，放入葱花、姜末爆香，放入虾仁翻炒至虾仁变色，再加入秋葵大火翻炒，加盐调味即可。

我要长高啦

秋葵炒虾球有荤有素、色泽鲜明，秋葵和虾都是富含钙的食材，两者搭配，给孩子提供丰富的营养。

长高指数：🦐🦐🦐🦐🦐

茄汁虾丸

虾仁100克
番茄1个
干淀粉、水淀粉、
盐、橄榄油各适量

1 番茄洗净切丁；虾仁洗净，剁成细细的虾泥，加入干淀粉、盐搅打均匀，直到虾泥变得黏黏的。
2 手上蘸水，取一勺虾馅，做成虾丸，放入开水锅中煮熟。
3 油锅烧热，放入番茄丁，小火熬成番茄汁，加入水淀粉勾芡；将煮熟的虾丸放入番茄汁里，晃动锅，让虾丸均匀裹上番茄汁即可。

 我要长高啦

虾含有丰富的蛋白质和矿物质，如钙、磷、铁、硒等，营养丰富，配上酸酸甜甜的番茄汁，有利于增强孩子食欲。

长高指数：🚀🚀🚀🚀🚀

粉丝焗海虾

海虾12只
生抽、葱花、
蒜末、粉丝、
蚝油、植物油
各适量

1 海虾处理干净，开背；粉丝提前2小时泡发。
2 油锅烧热，待油冒烟后迅速加入蒜末，再加入生抽和蚝油调成料汁。
3 取一大平盘码上粉丝，放上洗净开背的海虾，再洒上料汁，大火蒸6分钟，撒上葱花即可。

 我要长高啦

虾肉蛋白质丰富，与富含碳水化合物的粉丝一起，为孩子成长提供丰富的营养。

长高指数：🚀🚀🚀🚀

盐水虾

基围虾 500 克
葱结、姜片、
八角、桂皮、
花椒、盐各适量

1. 基围虾洗净，挑去虾线。
2. 锅里倒足量水，放入葱结、姜片、八角、桂皮、花椒、盐，大火煮开。
3. 放入处理好的虾，大火煮熟即可。

我要长高啦

盐水虾做法简单，调料可以根据孩子的接受度，适当减少，这也是比较健康的烹饪方式，有利于孩子养成良好的饮食习惯。

长高指数：

基围虾 200 克
芝士碎、蛋黄
酱、盐、生抽各
适量

1. 基围虾处理干净，去虾壳，只留尾巴处；用擀面杖将虾肉轻轻拍扁，撒上盐和生抽。
2. 将虾肉排在垫了锡纸的烤盘上，撒上芝士碎，挤上蛋黄酱，烤箱预热到 190℃，烤 10 分钟左右即可。

蛋黄芝士烤大虾

我要长高啦

虾仁富含优质蛋白质、钙、硒等营养素，芝士含有丰富的钙和蛋白质。蛋黄芝士烤大虾非常适合给孩子补钙和蛋白质。

长高指数：

番茄鱼

去骨鱼块200克
番茄1个
葱花、蒜末、
水淀粉、植物油、
盐各适量

1 番茄洗净，去皮切块；鱼块洗净备用。

2 油锅烧热，爆香葱花、蒜末，加入番茄煸炒，待番茄变软时倒入适量水，大火煮开后放入鱼块，用中火煮开，撒入盐调味。

3 待鱼块变色后，调入水淀粉，开大火，汤汁收至黏稠时关火即可。

 我要长高啦

鱼类属于高蛋白低脂肪食材，还含有被誉为"脑黄金"的DHA，尤其是深海鱼，是补充DHA的好食材。

长高指数：🚀🚀🚀🚀🚀

清蒸鲈鱼

鲈鱼1条
葱丝、姜丝、
白胡椒粉、
蒸鱼豉油、盐、
植物油、枸杞
各适量

1 鲈鱼处理干净，鱼脊骨处切一刀，鱼身抹盐、白胡椒粉后腌15分钟；姜丝、葱丝均匀地铺满鱼身，鱼肚、鱼嘴里也塞一点。

2 蒸锅加水烧开上汽后，将鱼放入锅内，中大火蒸6~7分钟，再利用锅内余温闷5~8分钟，端出锅后倒掉盘子内蒸鱼的水，点缀少许枸杞。

3 蒸鱼豉油加水兑好，倒入锅内烧开；另取一锅烧热油。

4 将热油浇在鱼身上，再将烧热的蒸鱼豉油调料浇在鱼身上即可。

 我要长高啦

每周可以给孩子安排2次鱼类。鲈鱼肉质鲜嫩、刺少，含有丰富的蛋白质，还含有一定的钙、铁、锌、DHA等营养素。

长高指数：🚀🚀🚀🚀🚀

三文鱼蒸滑蛋

鸡蛋1个
三文鱼20克
葱花、姜丝
各适量

1 三文鱼洗净，切成小粒，加葱花、姜丝腌制10分钟。

2 鸡蛋加温水，搅打成蛋液，留少许蛋液备用，其余倒入蒸碗中。

3 蒸锅水开后，放入蒸碗，蒸5分钟后撒上三文鱼粒，倒上剩余的少许蛋液，继续蒸2分钟即可。

 我要长高啦

三文鱼属于含DHA较高的鱼类，充足的DHA摄入有利于孩子大脑和视力健康。

长高指数：🚀🚀🚀🚀🚀

龙利鱼1条
豌豆、蒜瓣、
生抽、蚝油、
橄榄油、
黑胡椒粉、
干淀粉各适量

1 龙利鱼解冻，用厨房纸吸干表面水分，斜切段；豌豆炸熟备用。

2 龙利鱼加入生抽、蚝油、橄榄油、黑胡椒粉调成的汁中，再拍上干淀粉，腌制20分钟。

3 蒜瓣去皮，洗净切末，倒入油锅炒香，用蒜油煎龙利鱼，至两面金黄捞出，放入盘中，撒上豌豆即可。

蒜香龙利鱼

 我要长高啦

龙利鱼富含蛋白质，脂肪含量低，肉质滑嫩且刺少，是孩子较为理想的鱼类来源。

长高指数：🚀🚀🚀🚀🚀

家常烧平鱼

平鱼1条

干黑木耳10朵

红甜椒碎、葱花、姜末、生抽、盐、醋、植物油各适量

1 干黑木耳泡发洗净，撕小朵；平鱼洗净，在鱼身上划几刀，抹少许盐和生抽腌制10分钟。

2 油锅烧热，放入平鱼煎至两面金黄后盛出。

3 另起油锅烧热，爆香葱花、姜末，加生抽、醋、盐和少许水煮沸；放入黑木耳和平鱼，大火煮沸，转小火煮至汤汁收浓后撒葱花和红甜椒碎即可。

我要长高啦

平鱼富含蛋白质、不饱和脂肪酸，还有钙、磷、钾等多种营养素，可以为孩子补充优质蛋白。

长高指数：

鳕鱼肉80克

姜末、葱花、植物油、盐各适量

1 鳕鱼肉洗净，切块，加姜末腌制。

2 油锅烧热，放入鳕鱼块稍煎片刻，加盐和适量水，加盖煮熟，撒上葱花即可。

清烧鳕鱼

我要长高啦

鳕鱼属于高蛋白低脂肪鱼类，肉质软嫩，刺很少。清烧鳕鱼做法和调味都很简单，非常适合孩子食用。

长高指数：

昂刺鱼豆腐汤

昂刺鱼 1 条
嫩豆腐 1 盒
葱段、葱花、
姜片、盐、植物
油各适量

1 昂刺鱼处理干净，擦干水备用。
2 油锅烧热，放入昂刺鱼煎至两面金黄，加水、葱段和姜片，盖上锅盖同煮。
3 大火煮沸，转中小火慢炖半小时至汤色呈奶白色；加入切好的豆腐块，盖上锅盖再煮 5 分钟；出锅前撒葱花，加盐调味即可。

 我要长高啦

昂刺鱼和豆腐都含有丰富的蛋白质、钙、铁、锌等营养素，做成汤，美味又健康。

长高指数：🚀🚀🚀🚀🚀

薄荷鱼片汤

草鱼 1 条
薄荷叶、姜片、
干淀粉、植物油
各适量

1 将草鱼肉去刺切片，鱼骨切成段备用，鱼片中加入干淀粉拌匀。
2 油锅烧热，加姜片爆香，放入鱼骨翻炒几下，倒入足量水，大火烧开后转中火煮至汤色奶白。
3 捞出汤里的鱼骨，倒入鱼片，大火煮熟盛出，放入洗净的薄荷叶（装饰用，不可食用）即可。

 我要长高啦

鱼肉是优质蛋白质的来源，还含有一定的铁、锌等营养素，有利于孩子生长发育。

长高指数：🚀🚀🚀🚀

蒸花蛤

花蛤500克
姜丝、葱段、
蒸鱼豉油、
植物油各适量

1 将花蛤洗净后泡在盐水中，吐出泥沙后，取出刷洗干净。

2 锅中加少量水，放入花蛤、姜丝、葱段，煮10分钟，至花蛤开口，盛入碗中。

3 将蒸鱼豉油和植物油小火加热到开始冒烟，一次性淋在花蛤上即可。

我要长高啦

花蛤含有蛋白质、钙、铁、硒、锌等多种营养素，是一种低热量、高蛋白的食材，助力孩子健康长高。

长高指数：🚀🚀🚀🚀

鲜鱿鱼1只
鸡蛋2个
面粉、生抽、
盐、黑胡椒粉、
植物油各适量

1 鱿鱼洗净切段，沥干放入碗中，加生抽、盐、黑胡椒粉，打入1个鸡蛋拌匀，腌15分钟。

2 另取一碗，打入1个鸡蛋，打散，将腌制好的鱿鱼段充分裹上蛋液。

3 将裹上蛋液的鱿鱼再裹上面粉，放入油锅中炸3分钟，至鱿鱼变得金黄，捞出沥油即可。

酥炸鱿鱼

我要长高啦

鱿鱼含有丰富蛋白质，且有独特的风味，可以换着花样，给孩子烹调出多种美食。

长高指数：🚀🚀🚀

蛋品每天不能少

厚蛋烧

长高指数：🚀🚀🚀🚀

鸡蛋2个
胡萝卜丁、
番茄酱、
蛋黄酱、
葱花、盐、
植物油各适量

1 鸡蛋打散，加盐搅匀，放入葱花、胡萝卜丁搅拌均匀。
2 油锅烧热后转小火，慢慢倒入蛋液摊匀，待蛋液凝固时从一边卷起。
3 将卷好的蛋饼拿出切块，趁热淋上番茄酱，挤上蛋黄酱即可。

 我要长高啦

鸡蛋含有丰富的蛋白质和矿物质，且易被人体吸收，搭配蔬菜，营养更丰富。

熟米饭1碗
胡萝卜1/2根
青豆20克
鸡蛋3个
番茄酱、盐、
植物油各适量

1 胡萝卜洗净切丁；取一个鸡蛋打散；青豆洗净。
2 油锅烧热，下打散的鸡蛋翻炒，盛出备用；下胡萝卜丁和青豆翻炒，至快熟时，再放入炒熟的鸡蛋和熟米饭，加盐拌炒均匀，盛出备用。
3 剩下两个鸡蛋打散，油锅烧至六成热，倒入蛋液，均匀摊开。
4 待蛋液凝固时把炒饭倒在蛋皮中，包起来后挤上番茄酱即可。

蛋包饭

我要长高啦

胡萝卜和青豆里都含有胡萝卜素，胡萝卜素可以在体内转化为维生素A，这种营养素对保护孩子的视力和免疫力有一定作用。

长高指数：🚀🚀🚀🚀

蛋皮鱼卷

去刺鱼肉150克
鸡蛋2个
葱、姜、
白胡椒粉、
植物油、
盐各适量

1 鱼肉洗净，去皮剁泥；葱、姜洗净，切末，加水制成葱姜水。

2 鱼肉中加入葱姜水（葱姜不要）、盐、白胡椒粉，用筷子顺一个方向搅打至鱼肉泥黏稠上劲。

3 油锅烧热，倒入打散的鸡蛋液摊成鸡蛋皮，在蛋液快凝固时均匀地铺上鱼肉泥，从一端卷起。

4 将蛋皮鱼卷放入开水锅中蒸约10分钟，取出后切块即可。

 我要长高啦

鱼肉和鸡蛋搭配做成蛋皮鱼卷，可以作为营养早餐，给孩子补充优质蛋白质，也可以把鱼肉换成猪肉、虾肉，一样鲜美可口。

长高指数：🚀🚀🚀🚀

培根蛋卷

培根2片
鸡蛋2个
中筋面粉30克
植物油、
盐各适量

1 油锅烧热，放入培根煎一下，取出后用厨房纸吸去多余油脂；用煎培根的油煎1个荷包蛋。

2 另一个鸡蛋打散，加入面粉和盐搅拌均匀。

3 锅内刷一层薄油，淋入面糊，转一圈，使面糊铺开，待表面凝固后翻面再煎一会儿。

4 取出面饼，放上荷包蛋和培根卷起，切段摆好造型即可。

 我要长高啦

培根蛋卷含丰富的碳水化合物、蛋白质、卵磷脂，既可以作为孩子的主食，还可以适当加点蔬菜在饼里，营养更丰富。

长高指数：🚀🚀🚀🚀

牛油果鸡蛋沙拉

牛油果 1/2 个
水煮蛋 1 个
小番茄 5 个
西蓝花 3 朵
盐、黑胡椒粉、
橄榄油、
柠檬汁、
沙拉酱各适量

1 牛油果洗净，切小块；水煮蛋切小块；小番茄洗净，对半切开；西蓝花洗净，切小朵。
2 锅中加水烧开，放入西蓝花焯烫至熟。
3 将所有食材混合放入大碗中，加入柠檬汁、黑胡椒粉、盐、橄榄油拌匀，挤适量沙拉酱即可。

我要长高啦

牛油果鸡蛋沙拉食材丰富，营养均衡。牛油果脂肪含量达30%，属于高能量食物，可以作为孩子的日常加餐，健康又美味。

长高指数：

猪肉末 50 克
鸡蛋 2 个
姜片、葱花、
蒸鱼豉油、盐、
植物油各适量

1 鸡蛋加温水、盐搅拌均匀，上锅蒸8分钟。
2 油锅烧热，爆香姜片，放入猪肉末、葱花煸炒，加蒸鱼豉油炒香。
3 起锅后，将炒好的肉末淋在蒸蛋上即可。

肉末蒸蛋

我要长高啦

猪肉、鸡蛋是孩子摄取优质蛋白质、维生素A、锌等营养素的良好食物来源，肉类中的铁属于血红素铁，吸收率高。

长高指数：

蛋香馒头片

长高指数：

鸡蛋1个
白馒头1个
植物油、
盐各适量

1 白馒头切成1厘米左右的薄片；鸡蛋打散加盐搅匀，将白馒头片均匀地裹上蛋液。

2 油锅烧热，将裹好蛋液的白馒头片放入锅中，小火煎至两面金黄即可。

 我要长高啦

刚出锅的蛋香馒头片，香味十足，富含碳水化合物及脂肪，可以给孩子提供满满的能量。

鸡蛋小酥饼

鸡蛋2个
低筋面粉150克
黄油140克
糖粉50克

1 蛋清、蛋黄分开，蛋黄加30克糖粉、黄油，打至颜色发白；蛋清分3次加入20克糖粉，打发至出现直立的尖角。

2 取1/3的蛋白霜与蛋黄霜搅匀后，再加入剩余的蛋白霜，搅拌均匀；分次筛入低筋面粉，拌至不出现颗粒。

3 用圆形花嘴在烤布上均匀地挤上面糊，放入190℃的烤箱烤10~15分钟，取出晾凉即可。

我要长高啦

鸡蛋小酥饼香脆可口，不过热量稍高，作为零食，适量食用，有利于补充能量。

长高指数：

溏心卤蛋

长高指数：

鸡蛋、生抽、
鱼露、白糖、
盐各适量

1 鸡蛋洗净，锅中放水烧开，放入鸡蛋煮7分钟，捞出放入冰水中浸泡15分钟。

2 锅中放入生抽、鱼露、盐、白糖，按口味咸淡酌量加水，煮沸放凉后做成卤水。

3 冰好的鸡蛋剥壳，放入卤水中，放入冰箱冷藏一夜即可。

 我要长高啦

鸡蛋营养丰富，可以做出很多花样，让孩子换着口味享受美食。

五香鹌鹑蛋

长高指数：

鹌鹑蛋、冰糖、
老抽、香叶、
八角、桂皮、
花椒、五香粉、
盐、葱段、
姜片各适量

1 锅里放水烧开，放入洗净的鹌鹑蛋煮3~4分钟。

2 将煮好的鹌鹑蛋放入冷水中浸泡一下，用手将蛋壳小心地捏碎，注意别把鹌鹑蛋捏破。

3 锅里倒入足量水，加入所有调料煮开，放入鹌鹑蛋煮5分钟左右，关火后浸泡2小时以上即可。

我要长高啦

鹌鹑蛋的营养价值和鸡蛋类似，但其中维生素B_2的含量更高。如果孩子吃腻了鸡蛋，不妨试试鹌鹑蛋。

水果适量不长胖

五彩鲜果串

火龙果、草莓、
小番茄、
猕猴桃、
苹果各适量

1 火龙果、猕猴桃、苹果分别去皮洗净，切小块；草莓、小番茄洗净，切小块。
2 将水果用签子串好即可。

长高指数：🚀🚀🚀

我要长高啦

色彩鲜艳的水果组合，含有丰富的维生素，酸甜可口，非常适合做孩子的零食、加餐。

奶味水果饭

大米50克
牛奶400毫升
苹果1/2个
小番茄3个
鲜枣3个
猕猴桃1个
蔓越莓果干适量

1 大米洗净，倒入锅中，加水大火煮沸后改中火继续煮5分钟。
2 将煮大米的水倒掉，沥干水分，重新将米倒入锅中，倒入牛奶，开小火煮10分钟左右，注意搅拌，当奶液被煮干时，搅拌均匀。
3 将所有水果洗净，切成小丁，待饭冷却后，将水果丁和蔓越莓果干一起拌入米饭即可

我要长高啦

成熟后的猕猴桃果肉多汁，酸甜适中，膳食纤维和维生素C含量高，有助于提高孩子的抵抗力。

长高指数：🚀🚀🚀

水果甜粥

大米 50 克
苹果 1/2 个
梨 1/2 个
菠萝 1 块
樱桃 1 颗
白糖适量

1 大米洗净，和水以 1:5 的比例放入锅中，小火熬煮；菠萝、苹果、梨分别去皮洗净切丁。

2 待粥熬成黏稠状时，放入菠萝丁、苹果丁、梨丁再煮 3 分钟。

3 出锅前根据孩子的口味加入白糖调味，放樱桃点缀即可。

 我要长高啦

当孩子没有胃口时，来碗酸酸甜甜的水果甜粥，或许就能调动孩子的食欲。

长高指数：🚀🚀🚀

橙子 1 个
鸡蛋 1 个

1 橙子洗净切成两半，挖出果肉，一部分榨汁，另一部分切块，橙皮做成小碗。

2 鸡蛋打散成蛋液，加入橙汁搅匀，再用网筛过滤一下，将蛋液装入橙皮小碗中。

3 放入蒸锅里，中火蒸 10 分钟左右，至蛋液凝固，再放上少许橙子果肉即可。

香橙蒸蛋

我要长高啦

橙子是人体很好的维生素 C 供给源，温暖明艳的颜色、清甜的口味，很受孩子喜爱。

长高指数：🚀🚀🚀🚀

水果酸奶沙拉

小番茄5个
梨1/2个
菠萝1块
火龙果1/2个
猕猴桃1个
原味酸奶200毫升

1 梨、菠萝、火龙果、猕猴桃洗净，去皮切成小丁；小番茄洗净，切成小丁。
2 将所有水果装入碗中，加入原味酸奶拌匀即可。

 我要长高啦

酸奶中钙、蛋白质含量丰富，而且易消化，水果酸奶沙拉适合给孩子当早餐的佐餐。

长高指数：🚀🚀🚀

酸甜樱桃萝卜

櫻桃萝卜300克
蒜末、葱花、
醋、盐、白糖、
芝麻油各适量

1 樱桃萝卜洗净，头尾两端切去，切薄片，但是不要切断。
2 把切好的樱桃萝卜放碗里，加盐腌制1小时以上，加白糖、醋、蒜末和凉开水拌匀。
3 吃前撒葱花，淋上芝麻油即可。

我要长高啦

萝卜富含膳食纤维，可以促进消化，不过很多孩子不喜欢萝卜的辛辣味，用糖和醋拌一下，酸酸甜甜，增进食欲。

长高指数：🚀🚀

香蕉船

香蕉1个
猕猴桃1个
小番茄3个
草莓3个
酸奶30毫升

1 草莓和小番茄分别洗净，切成小块。
2 猕猴桃去皮，切成小块；香蕉去皮后对半切开，摆入盘中。
3 在两半香蕉中放入切好的水果，淋上酸奶即可。

 我要长高啦

猕猴桃的维生素C含量在水果中居于前列，还含有较丰富的膳食纤维、钙、磷、钾、铁等营养素，可作为孩子的常备水果。

长高指数：🚀🚀🚀

芒果燕麦酸奶

原味酸奶1盒
芒果1个
即食燕麦片、
手指饼干、
葡萄干、
核桃碎各适量

1 芒果去皮切块。
2 将原味酸奶铺在器皿的底部，上面依次放上芒果块、即食燕麦片和手指饼干，点缀葡萄干和核桃碎即可。

 我要长高啦

芒果含胡萝卜素、维生素C等营养素，与酸奶、燕麦片、葡萄干搭配，酸酸甜甜，有助于孩子开胃。

长高指数：🚀🚀🚀

豆豆总动员，给长高添动力

五香毛豆

鲜毛豆300克

五香粉、盐、葱段、姜片、八角、香叶、桂皮、小茴香、花椒各适量

1 将毛豆洗净后剪去两端，帮助入味。

2 锅里倒水，加入盐、葱段、姜片、八角、桂皮、香叶、小茴香、花椒，再加入五香粉，大火煮开。

3 倒入毛豆，大火煮开后再转小火煮10分钟即可。

 我要长高啦

毛豆营养丰富，富含蛋白质、碳水化合物、钙、铁、锌等。五香毛豆可以作为面条的佐菜。

长高指数：🚀🚀🚀

绿豆泥

绿豆500克

白糖、植物油各适量

1 绿豆洗净，提前浸泡一夜，放入高压锅中，加入比绿豆多一倍量的水，盖上锅盖，大火炖煮，上汽后转小火煮15分钟。

2 将煮好的绿豆加少许水放入料理机内，搅打成绿豆泥。

3 将绿豆泥放入炒锅中，加入植物油小火翻炒，根据个人口味添加白糖，翻炒至水分收干，搓成小球即可。

 我要长高啦

绿豆属于杂豆类，营养价值较高，做成绿豆泥，让孩子换换口味，增加对豆类食物的喜欢。

长高指数：🚀🚀🚀

奶香豌豆泥

豌豆粒 100 克
白糖 5 克
牛奶 30 克
黄油 10 克

1 豌豆粒洗净,放入开水锅中煮至断生,放入料理机内,加入适量水搅打成豌豆浆。
2 锅中放入黄油煮至熔化,倒入豌豆浆和白糖同煮。
3 大火翻炒至水分变干,豆浆浓稠时加入牛奶,继续翻炒至豆泥呈黏稠状即可。

我要长高啦

豌豆属于营养价值较高的杂豆类,做成豌豆泥,适合年龄较小的孩子。对年龄稍大的孩子,可以做成豌豆饭。

长高指数:

豌豆粒 100 克
猪肉末 150 克
胡萝卜 1 根
植物油、生抽、蚝油、水淀粉、盐、葱花、姜末、蒜末各适量

1 胡萝卜洗净切丁;猪肉末中加生抽拌匀,腌制 15 分钟。
2 豌豆粒放入开水锅焯 3 分钟,捞起过凉水,沥干;再焯烫胡萝卜丁,捞出沥干。
3 油锅烧热,下猪肉末炒散,加入葱花、姜末、蒜末,翻炒出香味,加入之前焯烫好的胡萝卜丁和豌豆翻炒几下,调入蚝油、盐、生抽翻炒,淋入水淀粉,翻匀起锅即可。

三色豌豆

我要长高啦

豌豆营养价值较高,含有蛋白质、维生素C等,搭配猪肉、胡萝卜,食材丰富,营养更全面。

长高指数:

芸豆香芋甜汤

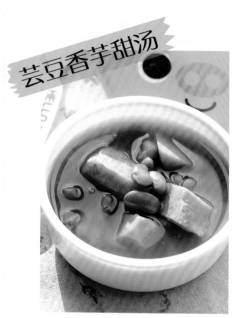

红芸豆100克
芋头1/2个
冰糖3块

1. 红芸豆洗净,提前浸泡一夜;芋头去皮,洗净切块。
2. 将泡好的红芸豆放入锅中,加足量水,大火煮开后转小火煮1小时,炖至红芸豆软烂。
3. 加入芋头,继续炖20分钟至芋头软烂,加冰糖调味即可。

 我要长高啦

芋头含有丰富的淀粉和钾等,可以在芸豆香芋甜汤里面加蔬果,既能丰富汤的口感,还能帮孩子补充微量元素和膳食纤维。

长高指数：

蚕豆炒蛋

蚕豆200克
鸡蛋1个
葱花、盐、
植物油、
白胡椒粉各适量

1. 蚕豆洗净;鸡蛋加盐打散。
2. 油锅烧热,倒入鸡蛋,用筷子划散,炒熟盛出。
3. 锅内留底油,下入一半葱花炒香,加入蚕豆,调入盐、白胡椒粉翻炒均匀,加热水没过蚕豆,加盖焖煮5分钟左右,至汤汁将尽。
4. 加入炒好的鸡蛋碎,撒入剩下的葱花翻炒均匀,出锅装盘即可。

 我要长高啦

蚕豆含蛋白质、钾、铁、胡萝卜素等,与鸡蛋搭配,营养互补。有些孩子吃豆类食物易胀气,则应控制食用量。

长高指数：

大煮干丝

豆腐皮200克
鸡脯肉100克
虾仁8个
青菜、盐、鸡汤、
葱丝、植物油、
姜丝各适量

1 豆腐皮切丝，清水浸泡后放入开水锅焯烫2分钟，捞出备用。

2 锅中倒入水，放入鸡脯肉、葱丝和姜丝，鸡肉煮熟后撕成鸡丝。

3 油锅烧热，爆香葱丝、姜丝，放入虾仁煸炒至变色后捞出。

4 锅里倒入鸡汤，加入豆腐皮丝，大火烧沸后转中小火煮10分钟至干丝入味，放入炒好的虾仁、熟鸡丝和洗净的青菜，大火煮开后加盐调味即可。

 我要长高啦

豆腐皮含蛋白质比较高，还有不饱和脂肪酸、卵磷脂等，搭配鸡肉和虾，有利于增强孩子体质，提高免疫力。

长高指数：🚀🚀🚀

北豆腐1块
黄瓜1/4根
胡萝卜1/4根
鲜香菇3朵
玉米粒50克
火腿30克
葱花、姜末、
生抽、盐、
水淀粉、
植物油各适量

1 北豆腐切成约8毫米厚的片，胡萝卜、黄瓜、鲜香菇分别洗净切丁；火腿切丁。

2 油锅烧热，将北豆腐片放入锅中煎至两面金黄，盛出备用；将蔬菜丁放入开水锅中焯烫一下，捞出沥干备用。

3 油锅烧热，爆香葱花、姜末，倒入蔬菜丁、火腿丁和玉米粒煸炒一会儿，加生抽和少许水烧至水分半干，加盐调味，淋入水淀粉勾薄芡，翻炒均匀。

4 将炒好的菜放在煎好的豆腐片上，淋上汤汁即可。

我要长高啦

北豆腐中含有蛋白质、钙等营养物质，搭配蔬菜丁，营养丰富，有利于孩子的生长发育。

五彩豆腐

长高指数 🚀🚀🚀🚀

自制零食助力长高

蜂蜜吐司棒

 吐司3片
黄油8克
蜂蜜、白糖
各适量

1 将吐司切成细条。

2 黄油和蜂蜜放在一起，用微波炉加热熔化后，均匀刷在吐司上。

3 将蜂蜜吐司放入180℃的烤箱烤8分钟左右，出炉稍微放凉后撒上白糖即可。

 我要长高啦

吐司碳水化合物丰富，黄油含较高的脂肪，可以为孩子补充能量。

长高指数：🚀🚀🚀

  鸡蛋2个
低筋面粉60克
白糖20克

手指饼干

1 将鸡蛋的蛋清、蛋黄分开，蛋黄加10克白糖，打至颜色发白；蛋白分3次加入10克白糖，打发至出现直立的尖角。

2 取1/3的蛋白霜与蛋黄搅匀，再加入剩余的蛋白霜，搅拌均匀。

3 分次筛入低筋面粉，拌至不出现颗粒。

4 用圆形花嘴在烤布上均匀地挤上面糊，放入190℃的烤箱烤10~15分钟即可。

 我要长高啦

鸡蛋中的蛋白质、卵磷脂和核黄素，对孩子的身体发育有一定的促进作用。

长高指数：🚀🚀🚀🚀

自制酸奶

长高指数：🚀🚀🚀🚀

纯牛奶500毫升
酸奶发酵剂1/2包
白糖适量

1 事先将酸奶机装酸奶的容器消毒。

2 将牛奶倒入酸奶机容器中，加入半包酸奶发酵剂，再加入白糖混合搅拌均匀。

3 酸奶机内加入40℃左右的少许温水，拌匀后通上电源。

4 8~10小时后酸奶凝固即可。

> 😊 我要长高啦
>
> 酸奶经过了发酵这道工序，具有比牛奶更独特的风味，营养物质也更容易被消化和吸收。搭配上草莓或其他水果，营养更丰富。

自制肉松

长高指数：

猪瘦肉300克（后臀尖）
生抽、白糖、盐、
熟白芝麻、姜片、
葱段、植物油
各适量

1 将猪肉切成约4厘米长的厚片，放入开水锅中焯烫去血水。焯烫后的肉片捞起洗净，再放入锅中，加入姜片、葱段、水，将肉煮成一压就散开的状态。

2 将肉块放入保鲜袋内，用擀面杖压散。

3 用手和叉子将压散的肉块撕成肉丝状。

4 锅里抹一层油，将肉丝放入锅中，开中小火不断翻炒。待肉丝水分炒干时，加入生抽、白糖、盐炒匀，炒到金黄褐色的状态，加入熟白芝麻即可。

 我要长高啦

肉松可以给孩子补充蛋白质。市售肉松往往添加过多的白糖和盐，自制肉松则可以自己掌握调料的用料，让孩子吃得更健康。

法式吐司

鸡蛋1个
牛奶100毫升
吐司2片
草莓4颗
草莓酱、
植物油各适量

1 鸡蛋打散，倒入牛奶搅匀备用。

2 吐司2片相叠，再切成三角形，放入鲜奶蛋液中浸泡5分钟至完全吸饱蛋奶液。

3 平底锅加入植物油加热，轻轻放入吐司，将两面慢慢煎上色后再把三个边煎上色。

4 装盘，放上洗净的草莓，淋上草莓酱即可。

 我要长高啦

牛奶是高蛋白、高钙食品，同时拥有丰富的B族维生素，搭配上富含维生素C的草莓，营养均衡，孩子爱吃。

长高指数：🚀🚀🚀🚀

低筋面粉120克
鸡蛋2个
牛奶100毫升
黄桃1个
糖粉30克
黄油20克
植物油、蓝莓酱
各适量

1 黄油隔水融化，稍凉后加入2个蛋黄和牛奶拌匀，筛入低筋面粉，搅拌至不出现颗粒状。

2 2个蛋清分3次加入糖粉，搅打至蛋清能出现直立的尖角。将打发好的蛋清与蛋黄糊混合，翻拌均匀。

3 华夫饼模具刷油后放在燃气灶上预热1~2分钟，倒入面糊；中小火加热烤1~2分钟后，翻面2次左右。

4 黄桃去皮切块，摆盘，淋蓝莓酱即可。

华夫饼

我要长高啦

华夫饼属于高热量食物，可以偶尔作为孩子的零食，搭配牛奶，作早餐也是不错的选择。

长高指数：🚀🚀🚀🚀

泡芙

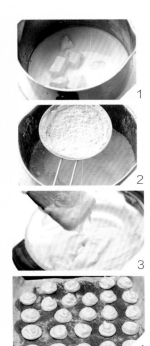

长高指数：🚀🚀🚀🚀

牛奶 100 毫升
无盐黄油 45 克
低筋面粉 60 克
鸡蛋 2 个
动物性淡奶油 70 克
白糖、盐各适量

1 牛奶、盐、软化的无盐黄油块放入锅中，煮至完全沸腾状态关火。

2 筛入低筋面粉，用木勺拌成面糊；再次开火，中火，不断搅拌，直到锅底出现面糊薄膜后关火。

3 取出放入搅拌盆中，降温到热而不烫手的温度，分 4 次倒入全蛋液，每一次拌匀后再加入下一次的蛋液。拌好的面糊光泽、细滑，捞起和滴落时会呈现倒三角的形状。

4 将面糊装入裱花袋中，烤盘里铺油纸，挤 4 厘米直径的泡芙面糊。烤箱预热，以 190~200℃烘烤 30~35 分钟，直到泡芙表面呈金黄色，并且膨胀至挺直，关火继续闷 5 分钟后取出晾凉。

5 动物性淡奶油加白糖用电动打蛋器打发，将淡奶油装入裱花袋中，挤入泡芙内，或者也可将泡芙从中间横切开，挤入馅料。

 我要长高啦

泡芙属于高热量食物，孩子在进行一些较强的运动间隙可以适量摄入。自制泡芙比市售泡芙相对健康，不过超重的孩子不建议食用。

草莓棒棒糖

草莓9颗
黑巧克力50克
白巧克力、
开心果、杏仁
各适量

1 坚果切碎备用；草莓洗净晾干，插上牙签备用。

2 黑巧克力和白巧克力分别放入碗中，隔水加热，慢慢搅拌至融化。

3 一部分草莓均匀裹上一层黑巧克力液，另一部分草莓裹上白巧克力液，趁巧克力凝固前均匀撒上坚果碎末。

4 将少许白巧克力装入裱花袋中，放在温水里融化成白巧克力液，再将裱花袋剪一个小口子，等草莓上的巧克力凝固后，在上面画上自己喜欢的图案即可。

 我要长高啦

草莓富含维生素C，和坚果碎、巧克力一起做成棒棒糖，口感不输市售棒棒糖，还减少了用糖量，更有利于健康。

长高指数：

脆皮炸鲜奶

牛奶200克
白糖35克
玉米淀粉45克
面粉50克
泡打粉1.5克
植物油适量

1 牛奶中加入白糖、玉米淀粉搅匀，搅到无干粉，奶液均匀；将搅拌好的奶液用小火熬煮至稠糊状，倒在抹了油的容器中晾凉，然后放入冰箱冷冻30分钟，取出切条。

2 将面粉、玉米淀粉、泡打粉混合，加入90毫升水搅拌均匀。

3 奶条均匀地裹上面糊。

4 油锅烧至六七成热，下裹好面糊的奶条，炸至皮脆微黄捞出即可。

我要长高啦

脆皮炸鲜奶外酥里嫩，散发着淡淡的奶香味，是一款特别受孩子欢迎的零食。

长高指数：

蓝莓酸奶小盆栽

长高指数： 🚀🚀🚀

酸奶 100 毫升
蓝莓 4 颗
奥利奥饼干 1 块
薄荷叶适量

1 蓝莓洗净后，和酸奶一起放入搅拌机里，搅打成蓝莓酸奶昔。

2 奥利奥饼干去除夹心，放入保鲜袋里，用擀面杖擀成饼干碎。

3 将蓝莓酸奶昔装入小杯中，撒上饼干碎，再点缀上薄荷叶即可。

 我要长高啦

酸奶是补钙的良好食材，加入蓝莓，味道更独特。可以和孩子一起做成可爱的盆栽造型，让孩子欢快地品尝自己的劳动成果，同时锻炼孩子的动手能力。

南瓜 300 克
糯米粉、绿豆沙、
蔓越莓干、葡萄干
各适量

1 南瓜洗净后去皮切薄片，上蒸锅蒸熟后压成泥，加入糯米粉，和成光滑的面团。

2 将面团分成一个个小剂子，压扁后放上搓圆的绿豆沙，捏紧收口，包圆。

3 用筷子在小南瓜上压出压痕，在小南瓜顶部点缀上蔓越莓干或者葡萄干做蒂，放入蒸锅中，水开后蒸 10 分钟即可。

可爱小南瓜

长高指数： 🚀🚀🚀

我要长高啦

南瓜富含膳食纤维和胡萝卜素等，口感甘甜。绿豆沙的主要配料是绿豆和白糖，热量较高，要适当控制用量。

小狮子玉米

玉米1根
奶酪1片
海苔1片
鸡蛋1个
煮熟的蔬菜、
黑芝麻、盐、
橄榄油各适量

1 玉米洗净，切成2厘米厚的段，放入锅中煮熟。

2 鸡蛋取蛋黄，加盐打散；油锅烧热，下蛋黄液煎成蛋饼，将蛋饼切成比玉米棒直径略小的圆形，作为小狮子的脸。

3 将奶酪切出2个大圆和1个小圆，用作小狮子的嘴巴和鼻子；将海苔剪出2个小圆点用作眼睛。

4 将黑芝麻点缀在奶酪片上，用作胡须，可在盘中铺上一层煮熟的蔬菜，更美观，也能增加营养。

 我要长高啦

奶酪富含蛋白质和钙，且其中的钙易被身体吸收。对于不爱喝奶的孩子，可以适量摄入奶酪，促进孩子更好地成长。

长高指数：

小兔胡萝卜南瓜

胡萝卜1/2根
南瓜20克
熟鹌鹑蛋4个
青菜叶1片
娃娃菜叶3片

1 胡萝卜洗净切片；南瓜洗净，去皮切片后和胡萝卜一起放入锅中蒸熟。用模具将胡萝卜片切成小兔子耳朵形状，剩余和南瓜一起用勺子碾碎，摆放成胡萝卜形状，插2小片洗净的娃娃菜叶当作胡萝卜叶。

2 在鹌鹑蛋前端轻轻划一刀，插上兔子耳朵，再用胡萝卜碎末点缀上眼睛，小兔子就做好了。

3 用青菜叶剪出草地，娃娃菜叶当作树，摆放起来即可。

我要长高啦

鹌鹑蛋含优质蛋白质、维生素A、B族维生素及矿物质，搭配绿叶蔬菜，食材丰富，造型可爱，营养全面。

长高指数：

蜜汁肉脯

长高指数：

猪里脊肉400克
白芝麻、鱼露、
生抽、胡椒粉、
白糖、蜂蜜、
植物油各适量

1 猪肉洗净剁成肉末，加入胡椒粉、白糖、鱼露、生抽，用筷子将肉末顺着一个方向搅打，打好后腌制30分钟。

2 取一张锡纸撕成烤盘大小，在锡纸表面刷一层薄薄的植物油，把肉馅放到锡纸上，再在肉馅上盖一层保鲜膜，用擀面杖擀成薄薄的肉饼。

3 把擀好的肉饼放到烤盘中，撕去上面的一层保鲜膜，撒上白芝麻。

4 烤箱预热至180℃，在肉饼上刷上薄薄一层蜂蜜，烤15~20分钟；然后翻面，刷蜂蜜，撒白芝麻继续烤15~20分钟，烤至肉饼变干成薄肉片，取出切片即可。

 我要长高啦

猪肉含有丰富的蛋白质和铁，经常食用有助于预防孩子贫血。自制的蜜汁肉脯，白糖、盐等调味料的量可以控制，让孩子吃得更健康。

香酥棒棒鸡

鸡翅根500克
鸡蛋2个
生粉30克
姜末、蒜末、
生抽、盐、
白胡椒粉、
植物油各适量

1 鸡蛋打散；鸡翅根洗净，切断根末端的筋膜，将鸡肉推向一侧成棒棒状；部分生粉以及姜末、蒜末、生抽、盐、白胡椒粉调成料汁，放入鸡翅根，腌制30分钟以上。

2 把腌制过的鸡翅根均匀蘸上生粉，再裹一层打散的蛋液，最后再蘸一层生粉。

3 油锅烧至六七成热，放入鸡翅根，炸3~5分钟至金黄即可。

我要长高啦

鸡翅根含蛋白质，可以为孩子补充优质蛋白质，强身健体。用鸡翅根做成香酥口味的棒棒鸡更受孩子的欢迎。

长高指数：

焦糖爆米花

爆裂玉米100克
黄油20克
白糖、植物油各适量

1 油锅烧热，放入爆裂玉米晃匀，中小火加热。

2 待有玉米爆开时，改小火，盖上锅盖，不时晃动炒锅，待玉米差不多都爆开时，出锅备用。

3 白糖中加水，倒入炒锅中小火加热，待糖水变成焦糖色，放入黄油熔化后搅匀。

4 放入爆米花，在糖水中快速翻匀，放入铺了油布的烤盘上晾凉即可。

我要长高啦

焦糖爆米花含有丰富的碳水化合物，可为孩子提供所需热量。自制爆米花更加卫生，但因为其热量较高，所以要适当食用。

长高指数：

跟着季节吃，长高事半功倍。
春季吃对，抓住长高黄金期；
夏季开胃，不让孩子身高落后；
秋季润燥，孩子少生病；
冬季储备好能量，长高不用愁。
通过日常饮食的营养供给，
为孩子健康长高打好扎实的基础。
让孩子吃得又对又开心，轻松长高！

第4章

四季长高食谱

春季长高好时候

菠菜蛋黄粥

大米 50 克
菠菜 20 克
鸡蛋 1 个

1 大米洗净，加适量水煮成白米粥。
2 菠菜洗净，焯水后切末，放入白粥锅内稍煮。
3 鸡蛋煮熟，取出蛋黄，用勺子碾成碎末，将蛋黄末倒入白米粥中，拌匀即可。

我要长高啦

菠菜含有丰富的维生素C、胡萝卜素、叶酸等，蛋黄含有丰富的优质蛋白质、卵磷脂、锌及B族维生素等，这些维生素"联手"合作，有助于孩子长高。

长高指数：🚀🚀🚀🚀

韭菜锅贴

韭菜 1 把
猪肉馅 200 克
水饺皮 20~25 张
熟芝麻、生抽、蚝油、植物油、芝麻油、葱花、姜末各适量

1 韭菜洗净，切碎；猪肉馅加水，顺一个方向搅打上劲，加入葱花、姜末、生抽、蚝油、芝麻油与韭菜碎，搅拌均匀。
2 取一张水饺皮，铺上韭菜肉馅，对折后将水饺皮中部捏紧。
3 油锅烧热，将包好的锅贴码整齐，煎约1分钟后倒入半碗水，盖上锅盖继续煎至水分蒸发，出锅前撒上熟芝麻即可。

我要长高啦

韭菜锅贴营养相对均衡，有荤有素，既鲜美又香脆，给孩子提供满满的能量。

长高指数：🚀🚀🚀🚀

芦笋虾仁粥

芦笋尖3根
虾仁5个
软米饭1碗
橄榄油、盐
各适量

1 软米饭倒入锅中，加适量温水，淋入橄榄油，大火煮开后转小火。
2 虾仁和芦笋尖分别洗净，切碎，放入粥中同煮。
3 待虾仁变色、芦笋变软，加盐调味即可。

·∵· 我要长高啦

芦笋含有维生素C和膳食纤维等；虾仁含有丰富的蛋白质、钙、锌等营养素。芦笋和虾仁一起煮粥，营养丰富，有助于孩子长高。

长高指数：🚀🚀🚀🚀

锅塌菠菜

菠菜200克
鸡蛋3个
面粉30克
盐、水淀粉、
植物油、熟白
芝麻各适量

1 菠菜洗净，放入面粉中，让每棵菠菜叶均匀裹上一层干面粉，抖落多余的面粉。
2 鸡蛋打散，加盐和水淀粉拌匀；将菠菜放入蛋液中，均匀裹上一层蛋液。
3 油锅烧热，将菠菜依次码放在锅里，多余的蛋液倒在菠菜上，一面煎金黄后翻面，煎至两面金黄，撒熟白芝麻即可。

·∵· 我要长高啦

菠菜含有胡萝卜素，也是叶酸和钾的良好来源，和鸡蛋、面粉一起做成锅塌菠菜，这是适合孩子的快手营养早餐。

长高指数：🚀🚀🚀🚀

芹菜炒腐竹

腐竹 100 克
芹菜 200 克
植物油、
盐各适量

1 腐竹提前泡发，切段；芹菜洗净，切段。
2 油锅烧热，放入腐竹翻炒至软。
3 倒入芹菜翻炒几下，加盐调味即可。

我要长高啦

腐竹含优质蛋白质，芹菜含胡萝卜素、膳食纤维，两者搭配营养又美味。

长高指数：

芹菜炒豆干

芹菜 100 克
豆干 2 块
盐、姜丝、
葱丝、植物油、
醋各适量

1 芹菜洗净，切段；豆干切条。
2 油锅烧热，放入姜丝、葱丝煸香，再放入芹菜段、豆干条煸熟，放入盐、醋调味即可。

我要长高啦

芹菜含有较多的膳食纤维，适量吃能使孩子的牙齿及下颌肌肉得到锻炼。

长高指数：

荠菜饺子

1

2

3

4

长高指数：🚀🚀🚀🚀

饺子皮30张
猪肉末200克
荠菜400克
生抽、芝麻油、
豆瓣酱、葱花
各适量

1 猪肉末加生抽、豆瓣酱、水，搅拌至肉质顺滑，再加芝麻油搅拌，冷藏。

2 荠菜择去枯叶，留根，洗净，开水焯烫1分钟，捞出过凉水，挤干水分后剁碎。

3 将荠菜碎、葱花加入肉馅中，朝同一个方向搅拌均匀顺滑，制成馅料。

4 取1张饺子皮，放上馅料，对折，捏紧边缘，包成饺子。

5 锅中加水烧开，下入饺子，待水煮沸后倒入半碗凉水，重复3次，至饺子煮熟出锅即可。

　　．＇　我要长高啦

肉类中的铁吸收率高，且富含蛋白质，荠菜还含有一定量的维生素C和丰富的胡萝卜素，可以促进铁的吸收。

荠菜竹笋丸

长高指数：

荠菜200克
猪肉末200克
竹笋150克
胡萝卜1根
青菜6棵
水淀粉、生抽、
料酒、蚝油、
姜末、盐各适量

1 猪肉末中加姜末、盐、料酒，朝一个方向搅匀；荠菜、竹笋和切片的胡萝卜分别洗净焯水，捞出过凉水，挤干剁碎，加入肉馅中，加水淀粉搅匀，使馅料黏稠上劲。

2 将馅料做成丸子装入盘子，放入烧开的蒸锅中，中火蒸10分钟。

3 青菜洗净烫熟，取出过凉开水，沥干，对半切开后摆盘。

4 蒸好的丸子放在盘中央，将蒸丸子渗出的汤汁倒入炒锅内，加入蚝油、生抽、水淀粉，煮至汤汁黏稠，淋到丸子上即可。

我要长高啦

竹笋和猪肉、荠菜搭配，令丸子味道更鲜美，而且食材丰富，营养互补。

薹菜肉片

五花肉100克
薹菜400克
蒜片、豆面酱、
植物油、
盐各适量

1 薹菜洗净,沥水后切段,将菜梗和菜叶分开盛放;五花肉洗净,切大片。

2 油锅烧热,下入五花肉片,中小火煸炒至肉片出油,边缘略呈金黄;把肉片移到锅边,下蒜片炒香,加入薹菜梗,大火翻炒1分钟至变软。

3 加入菜叶部分翻炒,调入盐、豆面酱,翻炒均匀出锅即可。

我要长高啦

薹菜富含膳食纤维、镁、铁和维生素,低脂肪、低能量,和五花肉搭配,下饭又营养。

长高指数:

软炸白玉菇

白玉菇150克
鸡蛋1个
面粉、玉米淀粉、
椒盐、盐、植物油
各适量

1 白玉菇洗净;将面粉、玉米淀粉、打散的鸡蛋液、盐混合在一起调成面糊,把白玉菇放在面糊里拌匀。

2 油锅烧至五成热时,下入挂好面糊的白玉菇,中火炸至白玉菇略收紧后捞出。

3 提升油温,将所有炸好的白玉菇进行复炸,炸至金黄时出锅装盘,撒上椒盐即可。

我要长高啦

白玉菇含蛋白质比一般蔬菜高,还含有多种人体必需的微量元素,适量食用有助于提高孩子抵抗力。

长高指数:

夏季开胃吃饭香

醋熘西葫芦

长高指数：🚀🚀🚀

西葫芦1个
干黑木耳1小把
蒜末、干辣椒、
葱花、姜末、
盐、植物油
各适量

1 西葫芦洗净，擦成丝；干黑木耳泡发洗净，撕小朵；干辣椒切丝备用。

2 油锅烧热，加入葱花、姜末、蒜末及干辣椒丝炒香，加入西葫芦丝大火快速翻炒。

3 至西葫芦开始变软时加入沥干水的黑木耳，翻炒同时调入盐，炒匀起锅即可。

 我要长高啦

西葫芦含维生素C、维生素K、钙、钾、膳食纤维等，有利于维护肠道健康。

冬瓜150克
猪肉馅150克
鸡蛋清1个
盐、姜末、姜片、
芝麻油各适量

1 冬瓜去皮，挖去内瓤，洗净切成厚0.5厘米的薄片；猪肉馅里加入鸡蛋清、姜末、盐，顺一个方向搅拌至肉馅上劲变黏稠。

2 锅里加适量水和姜片煮开，两手蘸水将肉馅做成丸子，放入锅内；大火煮开后再放入冬瓜片同煮。

3 煮约5分钟至冬瓜颜色变透明，加入盐、芝麻油调味即可。

冬瓜丸子汤

长高指数：🚀🚀🚀🚀

 我要长高啦

冬瓜丸子汤中的肉丸肉质鲜嫩，适合小年龄段的孩子吃，帮助其增加蛋白质的摄入。

冬瓜菌菇汤

长高指数：🚀🚀🚀

冬瓜200克
鲜茶树菇60克
蟹味菇50克
白玉菇50克
干黑木耳1小把
口蘑4个
葱花、姜片、
蒜片、植物油、
盐各适量

1 菇类去根洗净，口蘑一切四，其他切段；干黑木耳泡发洗净；冬瓜去皮，挖去内瓤，洗净切块。

2 油锅烧热，加入姜片、蒜片炒出香味，加入切好的菇类翻炒2分钟，再加入黑木耳翻炒均匀，加水煮开。

3 将锅内的浮沫撇出，转小火，煮40分钟，放入冬瓜块，煮约15分钟至冬瓜透明，加盐调味，再煮2分钟，出锅前撒上葱花即可。

我要长高啦

冬瓜含钾及丰富的水分，菌菇类鲜香美味，饭前喝点冬瓜菌菇汤，清爽开胃。

佛手瓜炒鸡丝

佛手瓜1个
鸡胸脯肉150克
干辣椒、生抽、
葱花、蒜末、
姜末、干淀粉、
盐、植物油、
黑胡椒粉、
芝麻油各适量

1 佛手瓜洗净，对半切开，剔除核仁后切细丝；干辣椒洗净，切丝；鸡胸脯肉洗净，切细丝，放入碗中，加入干淀粉、盐，抓匀备用。

2 油锅烧至四成热时，下鸡丝滑散，炒至鸡丝略变色时，加入葱花、姜末、蒜末和干辣椒丝炒出香味。

3 加入佛手瓜丝，翻炒1分钟，调入生抽，炒至佛手瓜丝变软，调入黑胡椒粉和盐，再滴入芝麻油翻匀出锅装盘即可。

我要长高啦

佛手瓜含膳食纤维、维生素C等，与鸡肉搭配，营养均衡，清爽鲜美。

长高指数：🚀🚀🚀🚀

松仁玉米

玉米粒1碗
松仁1小把
豌豆1小把
红彩椒1个
植物油、
盐各适量

1 红彩椒、豌豆、玉米粒分别洗净，将红彩椒切丁。
2 油锅烧热，下松仁翻炒片刻，取出冷却。
3 下玉米粒、彩椒丁、豌豆翻炒，出锅前加盐调味，撒上熟松仁盛出即可。

我要长高啦

松仁玉米这道菜食材丰富，营养均衡，因含有坚果，适合3岁以上儿童食用。

长高指数：

红彩椒1个
黄彩椒1个
胡萝卜1/2根
鸡胸脯肉200克
姜末、蒜末、
蚝油、干淀粉、
生抽、盐、
植物油各适量

1 红彩椒、黄彩椒分别洗净，切成小块；胡萝卜洗净，切片；鸡胸脯肉洗净，切片，加蚝油、生抽、干淀粉抓匀，腌制15分钟后加植物油拌匀。
2 油锅烧热，加入姜末、蒜末炒香，将腌好的鸡肉片入锅快速翻炒至变色，加入胡萝卜片和彩椒块翻炒，调入蚝油、盐，翻炒均匀装盘即可。

彩椒鸡肉片

我要长高啦

鸡肉是良好的蛋白质来源，鸡肉中铁的含量介于畜肉和鱼肉之间；彩椒营养丰富，味道鲜甜，含有丰富的维生素。

长高指数：

京酱肉丝

长高指数： 🍗🍗🍗🍗

猪里脊肉丝300克

鲜豆腐皮1张

黄瓜1根

葱白、甜面酱、
鸡蛋清、白糖、
干淀粉、盐、植物油、
白胡椒粉各适量

1 鲜豆腐皮、黄瓜分别洗净；猪里脊肉丝加鸡蛋清、盐、干淀粉、白胡椒粉抓匀，再加植物油拌匀，腌制15分钟。

2 锅烧开水，放入豆腐皮焯烫片刻，捞出过凉水，切成小片，摆入盘中；葱白切丝入盘；黄瓜切薄片摆入盘中，分隔葱白丝与豆腐皮。

3 油锅烧至四成热，放入肉丝滑散，至发白后略炒，盛出；另起油锅烧热，加甜面酱炒出香味，加白糖，不停搅动至白糖全部融化。

4 待酱汁开始变浓稠时，放入肉丝，快速翻炒使肉丝全部沾上酱料，盛入摆放葱白丝的盘中，将葱白丝盖住。吃时取一张豆腐皮，放上肉丝、黄瓜片和葱白丝，卷起即可。

我要长高啦

京酱肉丝富含蛋白质，而且酱香浓郁，咸甜开胃。如果将豆腐皮用生菜代替，口感会更清爽！

黄瓜酿肉丸

猪肉末50克
黄瓜1根
鸡蛋清1个
盐适量

1 猪肉末加鸡蛋清、盐搅拌上劲；黄瓜洗净去皮，切成小段，用小勺子挖去内瓤做成黄瓜盅。

2 取搅拌好的肉馅搓成小圆球，填入黄瓜盅内，做好后依次放入盘中。

3 蒸锅冷水上汽放入盘子，蒸15分钟左右至丸子变色即可。

 我要长高啦

黄瓜属于夏季常吃的食材，除了凉拌，还可以炒菜，而做成黄瓜酿肉丸，造型独特，可以吸引孩子的眼球，增加孩子对食物的兴趣。

长高指数：🚀🚀🚀🚀🚀

油条毛豆炒丝瓜

毛豆米150克
丝瓜1根
油条1/2根
蒜片、姜丝、
蚝油、盐、
植物油各适量

1 锅中烧开水，放毛豆米焯烫，捞出浸入冷水，沥干待用；丝瓜去皮，切滚刀块；油条剪小段。

2 油锅烧热，入丝瓜块煸炒；待丝瓜软后加少许水，入蒜片、姜丝翻炒均匀。

3 下毛豆米，入蚝油迅速翻炒；放入油条，加少许水；待水开后关火，加盐调味即可。

我要长高啦

丝瓜是夏季时令蔬菜。给孩子做这道菜时，尽量选择自制的嫩油条，容易咀嚼，还更健康。

长高指数：🚀🚀🚀

香菇酿肉

1

2

3

4

长高指数：

猪肉末30克
虾仁15克
鲜香菇3朵
胡萝卜末、盐、
水淀粉各适量

1 将虾仁洗净剁成泥，和猪肉末混合后再次剁碎，加盐搅拌均匀。

2 鲜香菇洗净，去掉根蒂，装盘备用。

3 将肉馅填入香菇背面凹陷处，码放在盘中。

4 放入蒸锅蒸约10分钟，倒出盘中的汤汁。锅中加胡萝卜末煮熟，淋水淀粉勾薄芡后倒在香菇上即可。

我要长高啦

香菇酿肉包含多种食材，美味又营养，而且造型独特，容易吸引孩子注意，改善孩子挑食、偏食的习惯。

秋季润燥不咳嗽

秋梨膏

1

3

4

长高指数:🚀🚀🚀

秋梨1200克

红枣80克

老姜20克

蜂蜜100毫升

冰糖100克

1 秋梨洗净去皮,用擦板把秋梨擦成梨蓉;老姜洗净去皮,切成细丝;红枣洗净,去除枣核备用。

2 红枣、冰糖、姜丝和梨蓉放入汤锅中,开大火煮沸后,盖上盖子转小火慢慢熬煮30分钟左右。把汤锅里煮的材料捞出来,用纱布包裹起来,用力拧出水分备用,过滤出的渣滓丢弃不要。

3 将过滤出的梨汁重新倒入锅中,继续用小火熬煮,煮约1小时后,梨汁明显变少,并且呈黏稠状,此时关火晾凉。

4 将蜂蜜加入晾凉的梨膏中,搅拌均匀后密封冷藏即可,随喝随取。

我要长高啦

蜂蜜具有一定的止咳作用,对于咳嗽孩子,来碗秋梨膏可以在一定程度上缓解咳嗽,甘甜的滋味,孩子也不太会拒绝。

荷塘小炒

莲藕1段
胡萝卜1/2根
干黑木耳1小把
荷兰豆50克
鲜百合、盐、
水淀粉、植物油
各适量

1 干黑木耳泡发洗净，撕小朵；莲藕刮去表皮，洗净切片；胡萝卜洗净切薄片；荷兰豆撕去两端的老筋，洗净备用；鲜百合剥开洗净。

2 锅里加水烧沸，分别放入藕片、胡萝卜片、黑木耳、百合和荷兰豆焯烫10秒，焯烫好的食材放入凉水里浸泡一会，捞出沥干。

3 油锅烧至六成热，放入所有蔬菜快速翻炒2分钟，倒入水淀粉，翻炒均匀，待芡汁收浓后加盐调味即可。

长高指数：🚀🚀🚀

💭 我要长高啦

这道菜无论在色泽、营养还是口味上，都可以说是素菜中的经典，蔬菜中含有丰富的膳食纤维和维生素，可以给孩子补充多种营养。

山药1段
干黑木耳1小把
青椒1个
红彩椒1个
葱花、蒜片、
植物油、盐各
适量

1 干黑木耳泡发洗净，撕小朵；青椒、红彩椒分别洗净，切块。

2 山药去皮洗净，切片，放淡盐水中浸泡10分钟。

3 油锅烧热，加入蒜片炒香，加入山药片和黑木耳翻炒，再加入青椒块和红彩椒块翻炒，调入盐，大火翻炒几下，加入葱花，炒匀后起锅即可。

山药木耳

💭 我要长高啦

黑木耳含有非血红素铁，还含有一定量的膳食纤维；山药含有碳水化合物、钾等营养素。黑木耳要泡软，便于孩子咀嚼吞咽，但不能泡太长时间。

长高指数：🚀🚀🚀

油焖茭白

长高指数：

茭白3~4个
葱花、花椒粒、
八角、植物油、
生抽、蚝油、
老抽、白糖、盐、
芝麻油各适量

1 茭白洗净，去外皮，斜切成滚刀块；将生抽、老抽、蚝油、白糖、盐、水倒入小碗中，调匀成料汁备用。

2 油锅烧热，加入八角、花椒粒，小火煸出香味后捞出不要；加入茭白块，煸炒至边缘焦黄，转大火，加入调好的料汁，翻炒至汤汁基本收干。

3 出锅前撒上葱花，淋上芝麻油翻匀即可。

··· 我要长高啦

茭白味道清新微甜，搭配肉类炒制或者做成油焖茭白都很下饭。

拔丝地瓜

长高指数：

中型地瓜2~3个
白糖200克
芝麻油、植物油
各适量

1 地瓜去皮洗净，切滚刀块；在盛放成品的盘子上抹一层芝麻油备用。

2 油锅烧至五成热，放入地瓜块，炸至地瓜块表面发硬、边缘焦黄时，捞出控油。

3 另起锅，加入白糖，开小火，搅拌至白糖熔化呈现琥珀色时，倒入地瓜块，迅速翻炒使地瓜块挂上糖浆，起锅装入盘中，利用锅内的糖浆拔丝即可。

··· 我要长高啦

红薯含丰富的碳水化合物和可溶性膳食纤维、胡萝卜素等。拔丝地瓜好吃又好看，孩子夹起还能体验"拔丝"的乐趣。

果仁芋球

1

2

3

4

长高指数：🚀🚀🚀🚀

芋头3~4个
开心果仁50克
花生米100克
鸡蛋1个
白糖、椒盐、
干淀粉、植物油
各适量

1 锅中放入开心果仁和花生米，小火翻炒至有"噼啪"声，取出晾凉；花生米去皮，和开心果仁一起碾碎，加入椒盐拌匀备用。

2 芋头洗净入蒸锅，蒸熟后去皮压成泥；鸡蛋打散成蛋液，和干淀粉分别盛放在两个盘中。

3 手上抹油，把芋泥团成球，将芋球先沾上一层干淀粉，再裹上一层蛋液，最后蘸上果仁。油锅烧至五六成热，加入芋球，炸至表面金黄，捞出入盘。

4 锅中加入白糖，开小火，搅拌至白糖熔化呈现琥珀色时，淋到炸好的芋球上，拉成糖丝即可。

我要长高啦

芋头含有丰富的碳水化合物，可以为孩子补充能量。开心果和花生米均富含蛋白质、脂肪酸和膳食纤维，适量吃有利于润肠通便。

165

酸甜石榴汁

 石榴 2 个

1 石榴从顶部切开,从中间用力掰开,石榴就分裂成几瓣,剥下石榴粒。

2 将石榴粒和适量纯净水放入搅拌机中搅打几秒钟,用漏勺过滤出石榴汁即可。

我要长高啦

石榴属于秋季时令水果,把石榴榨汁,孩子吃起来比较方便,孩子喝得满足,又喝得健康。

长高指数:🚀🚀🚀

红枣百合蒸南瓜

南瓜 300 克
鲜百合 100 克
冰糖 15 克
红枣适量

1 鲜百合剥开洗净;红枣洗净;南瓜去皮洗净,切成薄片码在碗里,放上百合和红枣。

2 蒸锅内烧开水,把碗放入蒸锅内大火蒸 15~20 分钟。

3 另取一个锅,放冰糖和少许开水,烧至冰糖融化,浇在蒸好的南瓜上即可。

我要长高啦

南瓜甘甜,富含胡萝卜素,可以作为瓜类蔬菜经常给孩子食用,除了蒸南瓜,还可以做南瓜粥、炒南瓜。

长高指数:🚀🚀🚀

166

红豆莲子羹

红豆 200 克
莲子 15 克
鲜百合 50 克
冰糖适量

1 红豆洗净，提前浸泡一夜；莲子去心，浸泡 2 小时；鲜百合剥开洗净。

2 红豆、莲子、百合放入锅内，加入足量水，大火煮开后，转中小火炖约 1 小时，至红豆软烂，加入冰糖，用勺子搅拌至冰糖融化即可。

我要长高啦

红豆属于杂豆类，富含蛋白质、碳水化合物、膳食纤维等营养素，和莲子、百合一起做羹，营养又美味。

长高指数：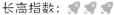

雪梨百合汤

雪梨 1 个
鲜百合 50 克
枸杞、冰糖
各适量

1 雪梨洗净，连皮切成小块；鲜百合剥开洗净。

2 将梨块放入锅中，加适量水，大火煮开后撇去浮沫，盖上锅盖转小火煮 10 分钟。

3 加入百合继续煮 10 分钟，接着加入枸杞和冰糖再煮 2 分钟即可。

我要长高啦

秋季比较干燥，雪梨百合汤甘甜滋润，可以给孩子润燥，还有一定的止咳作用。

长高指数：

冬季滋补身体棒

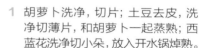
奶酪蔬菜泥

奶酪20克
西蓝花100克
土豆30克
胡萝卜1/4根

1 胡萝卜洗净,切片;土豆去皮,洗净切薄片,和胡萝卜一起蒸熟;西蓝花洗净切小朵,放入开水锅焯熟。

2 将土豆和西蓝花放入搅拌机内,搅打成蔬菜泥,加入奶酪,搅拌均匀;再将蒸熟的胡萝卜用研磨碗磨成胡萝卜泥,搭配在一起即可。

我要长高啦

奶酪的主要原料是牛奶,主要成分是蛋白质,并且含有丰富的钙、磷、B族维生素等,这些营养素能助力孩子长高。

长高指数:🚀🚀🚀🚀

奶白菜200克
干黑木耳1小把
枸杞、蒜末、
植物油、盐
各适量

1 干黑木耳泡发洗净,撕小朵;奶白菜洗净,沥干,菜帮和菜叶分开放;枸杞洗净。

2 油锅烧热,爆香蒜末,放入白菜帮和黑木耳炒至变软;开大火,下白菜叶和枸杞迅速翻炒,调入盐炒匀即可。

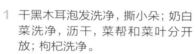
清炒奶白菜

我要长高啦

白菜含膳食纤维,适量摄入膳食纤维可以促进肠道蠕动。俗话说"百菜不如白菜",清脆中带着一丝甘甜,孩子一定会爱上这样的味道。

长高指数:🚀🚀🚀🚀

腐竹烧香菇

腐竹6根

干黑木耳1小把

干香菇、
青椒片、
胡萝卜片、
大葱片、蒜片、
植物油、蚝油、
老抽、芝麻油、
盐各适量

1 腐竹、干黑木耳、干香菇分别泡发洗净；腐竹切段，黑木耳撕小朵，香菇切块。锅烧开水，将黑木耳、香菇块焯烫后捞出备用。

2 油锅烧热，加入大葱片、蒜片炒出香味，加入香菇块、腐竹段翻炒，调入老抽、盐、水，烧开后转小火加盖炖煮5分钟，开盖转大火。

3 加入青椒片、胡萝卜片、黑木耳翻炒，调入蚝油，大火收汁炒匀，放入芝麻油炒匀出锅即可。

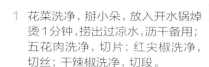
我要长高啦

腐竹富含蛋白质、钙、磷、镁等多种营养元素。香菇中的维生素D原经日晒后转成维生素D，能促进钙的吸收。

长高指数：🚀🚀🚀🚀

干锅花菜

五花肉150克

花菜1朵

红尖椒1个

姜丝、干辣椒、
蒜末、植物油、
生抽、老抽、
盐各适量

1 花菜洗净，掰小朵，放入开水锅焯烫1分钟，捞出过凉水，沥干备用；五花肉洗净，切片；红尖椒洗净，切丝；干辣椒洗净，切段。

2 油锅烧热，放入五花肉，小火煸炒至五花肉变色出油，加入姜丝、蒜末、红尖椒丝和干辣椒段炒香。

3 加入花菜大火爆炒，调入生抽、老抽、盐，翻匀起锅即可。

我要长高啦

花菜的维生素C含量较高，还含有丰富的钾，用五花肉煸炒出的油炒花菜，使花菜更香，肉片也是肥而不腻，十分下饭。

长高指数：🚀🚀🚀

胡萝卜炒五花肉

胡萝卜2根

带皮五花肉1块

葱段、蒜片、
生抽、老抽、
植物油、盐
各适量

1 胡萝卜洗净切片；五花肉洗净，入
凉水锅，加蒜片、生抽，煮开后捞
出，洗净切薄片。

2 油锅烧热，加入五花肉片，中小火
煎至肉片出油且边缘金黄后，加
入葱段炒香。

3 加入胡萝卜片翻炒，调入生抽、老
抽，加开水炒匀；盖锅盖，煮至汤
汁将收尽，调入盐，大火翻炒几下
收汁即可。

我要长高啦

冬季的胡萝卜脆嫩多汁，和肉香四溢的五花肉一起炒，所
含的胡萝卜素进入体内更易被吸收，吃起来味道也更香。

长高指数：

梭子蟹炒年糕

梭子蟹1只

年糕片200克

葱段、姜片、
植物油、生抽、
老抽、盐、
白胡椒粉、
干淀粉各适量

1 梭子蟹处理干净，剁成块，蟹钳用
刀拍几下，蟹块用盐、白胡椒粉腌
制15分钟。

2 油锅烧热，炒香姜片，将蟹块拍上
一层薄薄的干淀粉，入锅煎炸至
蟹块变色。

3 加入生抽、老抽、开水，放入年糕
片，加盖，小火煮5分钟左右至年
糕变软，出锅前撒上葱段即可。

我要长高啦

年糕是糯米制品，富含碳水化合物，可为孩子提供能量，
快速补充体力，和富含蛋白质的梭子蟹搭配，味道鲜美，
营养互补。

长高指数：

土豆胡萝卜炖牛肉

1

2

3

4

长高指数：

牛肉500克

土豆1个

胡萝卜1根

葱段、葱丝、
姜片、八角、
香叶、桂皮、
草果、盐、
生抽、老抽、
植物油各适量

1 牛肉切成2厘米左右的小块，放入锅中，加水大火煮沸，待血沫煮出后捞出洗净；胡萝卜洗净，切滚刀块；土豆洗净，去皮切块。

2 油锅烧热，放入葱段、姜片炒香，再放入牛肉块翻炒几下，加入生抽、老抽、八角、香叶、桂皮、草果，大火翻炒2分钟左右。

3 倒入没过牛肉块的热水，大火煮开。

4 将牛肉转入砂锅中，小火炖煮1.5小时；加入土豆块和胡萝卜块翻炒均匀，继续炖30分钟；到汤汁收浓，牛肉酥烂，土豆软糯，撒葱丝，加盐调味即可。

我要长高啦

土豆胡萝卜炖牛肉将多种食材搭配，有荤有素，营养丰富，给孩子满满营养和能量。

浓香烤羊排

长高指数：

1

2

3

4

羊肋排1000克
洋葱丝、姜片、
香菜段、葱段、
生抽、料酒、
孜然粉、椒盐、
黑胡椒粉、盐
各适量

1 羊肋排洗净剁块，在表面戳上若干个洞，放入盆中。

2 在盆中加入椒盐、生抽、料酒、姜片、葱段、洋葱丝、香菜段，揉匀后放入保鲜盒，放入冰箱冷藏24小时以上，中间可翻拌几次。

3 将羊排取出放入另一盆中，香菜、洋葱等腌料和腌料汁留用；将孜然粉、黑胡椒粉一起加入羊排中，搓揉均匀，加盖保鲜膜，放冰箱静置2小时。

4 烤箱预热至190℃，烤盘底部铺锡纸，将洋葱丝、香菜段放在锡纸上，再码上羊排，均匀倒上腌料汁，撒上少量盐，羊排用锡纸包严密。将烤盘放入烤箱，中层，上下火，190℃，烤30分钟。取出烤盘，打开锡纸，将羊排重新放回烤箱中，200℃，烤15~20分钟，使表层上色至金黄即可。

 我要长高啦

羊肉属于红肉，含有一定的铁元素，可以预防孩子贫血。烤羊肉也算是常用的减脂烹调方式。

干贝萝卜排骨汤

干贝约20粒
猪腿骨500克
白萝卜1/2根
枸杞、葱结、
姜片、盐
各适量

1 锅中加水，放入猪腿骨，煮出血沫后捞出冲洗干净；干贝洗净；白萝卜洗净，去皮切块；枸杞洗净。

2 将猪腿骨放入砂锅内，加足量水，放入干贝、葱结、姜片，大火煮开后转小火炖1.5小时，再加入白萝卜块和枸杞，炖至萝卜块熟软后加盐调味即可。

长高指数： 🚀🚀🚀🚀🚀

我要长高啦

干贝、排骨都属于高蛋白质食材，干贝还富含锌，做成干贝萝卜排骨汤，味道鲜美，营养丰富，孩子也很爱喝。

芙蓉鲜蔬汤

菠菜60克
瑶柱15克
胡萝卜1/2根
干香菇2朵
鸡蛋1个
姜片、葱段、
植物油、盐、
芝麻油各适量

1 菠菜洗净，放入开水锅中烫软，切小段；瑶柱用水浸泡至软；胡萝卜洗净切丁；干香菇泡发，洗净切片。

2 油锅烧热，加入葱段和姜片煎至焦黄捞出，转小火，加入胡萝卜丁和香菇片，调入盐，翻炒半分钟。

3 加入开水和泡好的瑶柱，大火煮5分钟，加入菠菜；转小火，将鸡蛋打散绕圈淋入，用筷子轻轻推开；关火，淋入芝麻油，盛出即可。

我要长高啦

芙蓉鲜蔬汤食材种类多，有叶菜、根茎类蔬菜、菌菇、鸡蛋等，营养丰富，冬天喝一碗热汤，孩子顿时觉得浑身暖和，也更精神。

长高指数： 🚀🚀🚀

用食物的能量激活孩子的抵抗力。
让孩子拥有好胃口，不挑食吃饭香；
提高抵抗力，强体质助长高；
预防便秘，营养好吸收，身体更轻松……
日常调理食谱，
让孩子面对不适时，有强大的自愈力，恢复得更快。
既是长高美食，也是孩子的健康调理食谱。

第 5 章

少生病才能长得高

拥有好胃口：不挑食，吃饭香

玉米鸡丝粥

鸡肉40克
大米25克
玉米粒50克
芹菜50克
盐适量

1　大米洗净；芹菜去叶，洗净切丁。
2　鸡肉洗净，切丝，加盐腌制20分钟；将玉米粒、大米和鸡肉丝一同放入锅中煮粥。
3　粥熟时，加入芹菜丁稍煮，加盐调味即可。

我要长高啦

白粥的营养密度低，但加入玉米和鸡肉之后，不仅"颜值"大增，看上去更有食欲，营养也更均衡全面了。

长高指数：

三豆汤

绿豆20克
红豆20克
黑豆20克

1　绿豆、红豆、黑豆分别洗净，提前浸泡一夜。
2　绿豆、红豆、黑豆放入锅中，加适量水，小火熬煮至豆烂即可。

我要长高啦

绿豆、红豆属于杂豆类，黑豆属于大豆类，营养价值都比较高，富含碳水化合物、蛋白质和多种维生素和矿物质。但豆类不容易煮烂，需要用高压锅或提前浸泡。

长高指数：

香芋南瓜煲

芋头 100 克
南瓜 100 克
椰浆 250 毫升
蒜、生姜、盐、
植物油各适量

1 芋头、南瓜分别去皮，洗净，切块；蒜、生姜分别洗净，切末。

2 油锅烧热，爆香蒜末、姜末，加入芋头块和南瓜块，小火翻炒1分钟。

3 加适量水，加入椰浆、盐，煮沸后转小火，煮至芋头块和南瓜块软烂即可。

我要长高啦

芋头富含碳水化合物、钾等，南瓜富含膳食纤维和胡萝卜素等。香芋南瓜煲甜甜糯糯，让孩子胃口大开。

长高指数：

牛奶 200 毫升
速溶燕麦片 50 克

1 牛奶放入锅中加热。
2 速溶燕麦片加入热奶中，拌匀即可。

燕麦奶糊

我要长高啦

燕麦含有丰富的碳水化合物、钙、铁、膳食纤维等，营养价值较精米、精面高。这是一款快手营养早餐，而且燕麦所含的丰富的膳食纤维有助于缓解孩子便秘的症状。

长高指数：

维护好视力：缓解疲劳，看得清

胡萝卜炒鸡蛋

长高指数：

 鸡蛋1个
胡萝卜1/2根
植物油、盐各
适量

1. 胡萝卜洗净，切丝；鸡蛋打入碗中，加盐打散成蛋液。
2. 油锅烧热，放入胡萝卜丝，炒至胡萝卜丝变软。
3. 另起油锅烧热，将蛋液倒入锅中，快速划散成鸡蛋碎。
4. 将炒好的鸡蛋加入有胡萝卜丝的锅中炒匀，加盐调味即可。

 我要长高啦

鸡蛋富含蛋白质、卵磷脂和多种微量元素。适量食用胡萝卜，有利于补充胡萝卜素，从而保护孩子视力。

 虾仁200克
鸡蛋1个
圆生菜叶3片
荸荠4个
胡萝卜1/4根
生抽、黑胡椒粉、盐、葱花、植物油各适量

1. 虾仁洗净去虾线，切丁，加入生抽、黑胡椒粉和盐拌匀；鸡蛋打散；2片圆生菜叶洗净切碎；荸荠洗净，去皮切丁；胡萝卜洗净，切丁。
2. 用剪刀将剩下的圆生菜叶修剪成碗形。
3. 油锅烧热，加入蛋液，待稍成型后划散，加入虾仁炒熟，下荸荠丁、胡萝卜丁翻炒均匀，加盐调味，拌入葱花、圆生菜碎，放入圆生菜碗里即可。

我要长高啦

生菜虾松食材多样，有虾、有菜，营养丰富，独特的造型也能赢得孩子喜欢。

生菜虾松

长高指数：

嫩滑炒猪肝

猪肝1块
黄瓜片、
胡萝卜片、
红彩椒块、
葱花、姜末、蒜
末、盐、干淀粉、
水淀粉、生抽、
芝麻油、植物油
各适量

1 猪肝洗净切薄片，沥干放入碗中，加盐、干淀粉抓匀，腌10分钟待用；胡萝卜片放入开水中焯烫2分钟捞出；水淀粉、生抽、芝麻油调成芡汁备用。

2 油锅烧至七成热，放入猪肝，炒到变色后捞出；另起油锅烧热，爆香葱花、姜末、蒜末，放入黄瓜片、胡萝卜片、红彩椒块炒至断生。

3 把炒熟的猪肝倒入锅中翻炒均匀，倒入调好的芡汁，大火快速翻炒3~5分钟盛出即可。

 我要长高啦

猪肝富含蛋白质、多种维生素和矿物质，是补充铁、锌、维生素A的良好食材。但考虑到肝脏属于代谢解毒器官，存在有毒物质蓄积的风险，建议每周摄入1次或2次，每次不超过50克。如果孩子不爱吃，也不要强求。

长高指数：🚀🚀🚀🚀🚀

彩虹水果吐司

吐司4片
红心火龙果1/2个
猕猴桃1个
芒果1个
鲜奶油适量

1 猕猴桃去皮切片；芒果去皮切片；红心火龙果去皮切片；吐司去掉四周的硬边；鲜奶油打发冷藏。

2 取3片吐司，分别均匀放上猕猴桃片、芒果片、火龙果片、鲜奶油，一层层垒起来。

3 最后再盖上1片吐司，将吐司分成小份，插上牙签即可。

我要长高啦

这款吐司有"水果夹心"，增添了更多维生素。带孩子一起制作彩虹水果吐司，让孩子了解食材及制作过程，有利于培养孩子养成良好的饮食习惯。

长高指数：🚀🚀🚀

润燥补水：不干燥少生病

荸荠梨汤

长高指数：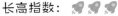

荸荠5个
梨1/2个
牛奶适量

1 荸荠洗净，去皮切丁；梨洗净，去皮去核，切丁。
2 将荸荠丁、梨丁放入锅中，加适量水煮熟，加牛奶，煮沸即可。

> 我要长高啦
>
> 荸荠富含碳水化合物、钾等营养素，与梨一起做成汤，有利于补充能量和水分。

莲子紫米甜粥

大米20克
血糯米20克
紫米20克
莲子15克
冰糖适量

1 莲子洗净去心，用清水浸泡2小时；紫米、血糯米、大米分别洗净，浸泡2小时。
2 将除冰糖以外所有的食材放入锅中，加入足量水，大火煮沸。
3 转小火煮至粥黏稠，加入冰糖煮化即可。

> 我要长高啦
>
> 紫米属于全谷类，营养价值高于白米，但不容易煮烂，需要提前浸泡或采用高压锅"煮豆模式"。

长高指数：

冰糖炖雪梨

雪梨1个
冰糖适量

1 雪梨洗净，顶部平切开，用勺子挖去梨核，放入冰糖，加入少许水。

2 合上梨盖将梨放入碗内，蒸锅倒入足量冷水，放入梨碗，大火烧开，转小火蒸1小时即可。

我要长高啦

冰糖炖雪梨属于传统止咳方，孩子如果是因为干燥引起咳嗽且症状不严重的话，可以试试。吃的时候要连汤带果肉一起喂给孩子。

长高指数：

藕丝炒鸡肉

鸡肉100克
莲藕1节
红甜椒1/2个
黄甜椒1/2个
盐、植物油各适量

1 莲藕洗净，切丝，放入水中保存；鸡肉、红甜椒、黄甜椒分别洗净，切丝。

2 油锅烧热，放入红甜椒丝和黄甜椒丝，炒出香味时，放入鸡肉丝。

3 炒至鸡肉丝变色时加藕丝，炒熟后加盐调味即可。

我要长高啦

莲藕含有丰富的碳水化合物、维生素C和一定量的膳食纤维。鸡肉中含有丰富的蛋白质。藕丝炒鸡肉营养价值较高，荤素搭配，为孩子补充多种营养。

长高指数：

181

提高抵抗力：强体质，助长高

韭菜薹肉末

长高指数：🚀🚀🚀🚀

猪肉末200克
韭菜薹300克
红彩椒2个
生抽、蒜末、姜末、植物油各适量

1 韭菜薹洗净，去老根和韭花菜，切成0.5厘米长的小粒；红彩椒洗净切碎。

2 油锅烧热，下猪肉末快速炒散，待肉变色，加入生抽翻炒均匀，盛出备用。

3 油锅烧至四成热，放蒜末、姜末、红彩椒碎煸香，下韭菜薹翻炒至微微变色，再加炒好的肉末翻炒均匀即可。

 我要长高

韭菜薹含有丰富的膳食纤维，能够促进肠道蠕动，预防便秘，和猪肉搭配，提高孩子抵抗力，助力长高。

虾仁10只
蟹柳3根
鸡蛋1个
韭菜1小把
低筋面粉200克
盐、植物油各适量

1 虾仁、蟹柳洗净切成粒；韭菜洗净，切成约5厘米长的段；低筋面粉、鸡蛋、盐和水放入大盆中，用筷子搅拌均匀。

2 油锅烧热，放入虾仁和蟹柳拌炒一下，加入韭菜段炒匀，再将食材均匀拌入面糊中。

3 油锅烧热，倒入面糊压平，煎至两面金黄即可。

海鲜饼

长高指数：🚀🚀🚀🚀🚀

 我要长高啦

蟹柳主要由鱼肉加工而成，含有大量的蛋白质，不仅味道鲜美，而且营养价值也较高。

鲜肉白菜锅贴

猪肉末200克
白菜 1/2 棵
饺子皮、姜末、
葱花、盐、蚝油、
芝麻油、生抽、
五香粉、植物油
各适量

1 白菜洗净切成碎末，加盐腌一会儿；猪肉末中加入葱花、姜末、盐、生抽、蚝油、芝麻油、五香粉拌匀。

2 腌好的白菜用纱布挤掉水分后加入少许芝麻油拌匀，再放入猪肉末中，用筷子顺一个方向搅拌均匀。

3 取饺子皮，依次做好所有的锅贴坯。

4 油锅烧热，码放好锅贴生坯，用小火煎，底部煎出金黄色脆底时，加入没过锅贴 1/2 处的水量，大火烧开后盖锅盖，转中小火煎至水分收干即可。

我要长高啦

白菜有"百菜之王"的美称，还含有丰富的膳食纤维。搭配肉末，作锅贴的馅料，清爽不油腻，适合孩子的口味。

长高指数：

五谷米50克
基围虾5~6个
葱段、姜片、
盐各适量

1 五谷米洗净，冷水浸泡4小时，放入电饭煲内，加入适量水，煮成熟米饭。

2 锅中加水，放入基围虾、葱段、姜片和盐，煮熟后将虾捞出。

3 剥去虾头，尾端的壳保留；戴上一次性手套，取适量米饭放在掌心，再放上虾仁，用手包捏成饭团，注意把虾尾露在外面即可。

五谷虾球

我要长高啦

五谷米中富含碳水化合物、膳食纤维以及B族维生素，营养较大米更丰富，可定期做给孩子吃。五谷虾球可以当作孩子日常活动的便当，为孩子补充能量。

长高指数：

预防便秘：营养好吸收，身体更轻松

什锦燕麦片

即食燕麦片50克
核桃仁20克
杏仁10克
葡萄干10克
榛子10克
牛奶适量

1 将榛子、杏仁、核桃仁、葡萄干剁碎。

2 用牛奶冲泡即食燕麦片，并加入坚果碎、干果碎即可。

我要长高啦

燕麦富含膳食纤维，与富含不饱和脂肪酸的核桃仁、杏仁制作成的什锦燕麦片，更有利于预防或缓解孩子便秘。

长高指数：🚀🚀🚀🚀

干银耳30克
胡萝卜50克
西蓝花100克
盐、芝麻油、
植物油各适量

1 干银耳泡发，剪去老根，择成小朵；胡萝卜洗净，切丁；西蓝花洗净，切小朵，放入开水锅中焯熟。

2 锅内加水烧热，煮熟银耳，取出备用。

3 油锅烧热，放入西蓝花、胡萝卜翻炒片刻，加入银耳拌炒均匀后，加盐，淋入芝麻油即可。

素三脆

我要长高啦

胡萝卜富含胡萝卜素，在体内可转化为维生素A，有利于保护孩子视力。素三脆中还富含膳食纤维，能促进肠蠕动。

长高指数：🚀🚀🚀

苹果玉米汤

 苹果 1/2 个
玉米 1/2 根

1 苹果洗净，去皮去核，切块；玉米洗净，切块。
2 把玉米、苹果块放入汤锅中，加适量水，大火煮开，再转小火煲40分钟即可。

我要长高啦

苹果可以煮一下再给孩子食用，尤其是冬天天冷时，和膳食纤维丰富的玉米同煮，香甜暖心，孩子一入口就觉得幸福满满。

长高指数：🚀🚀🚀

香菇虾仁炒春笋

 春笋100克
干香菇2朵
虾仁50克
葱花、盐、
植物油各适量

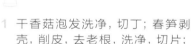
1 干香菇泡发洗净，切丁；春笋剥壳，削皮，去老根，洗净，切片；虾仁洗净，去虾线。
2 锅内加水煮沸，放入虾仁煮熟，沥水备用。
3 油锅烧热，爆香葱花，放入春笋片、香菇丁、虾仁翻炒，加盐调味，翻炒均匀即可。

我要长高啦

虾仁中含有丰富的蛋白质和钙，搭配春笋片和香菇丁，味道更鲜美，孩子适量食用，有利于增强体质。

长高指数：🚀🚀🚀🚀

健脑益智：轻松学习，快乐成长

鱼蛋饼

鱼肉75克
鸡蛋1个
洋葱、黄油、
植物油、
番茄酱各适量

1 洋葱去皮，洗净，切末；鱼肉去刺去皮，煮熟剁碎；黄油放于常温下软化。

2 鸡蛋打散成蛋液，加入洋葱末、鱼肉碎、黄油，拌匀成鸡蛋糊。

3 油锅烧热，加入鸡蛋糊，摊成圆饼状，煎至两面金黄。出锅后切块，淋上番茄酱即可。

 我要长高啦

鱼肉富含蛋白质、钙、铁等，还含有一定量的DHA，有益于孩子智力发育，建议每周给孩子吃1次或2次。

长高指数：🚀🚀🚀

熟米饭1碗
即食鳗鱼1条
海苔1~2片
白芝麻、生抽、
老抽、白糖各
适量

1 即食鳗鱼整条放入锅内，加入生抽、老抽、白糖，小火煮到汤汁浓稠。

2 将煮好的鳗鱼趁热切片，放在热腾腾的米饭上，浇上汤汁。

3 海苔用手稍捏碎，撒在鳗鱼上，再撒上白芝麻即可。

鳗鱼饭

我要长高啦

鳗鱼富含蛋白质、DHA等营养素，喷香的鳗鱼块是补充DHA的良好食材。搭配米饭，让孩子吃出满足感。

长高指数：🚀🚀🚀🚀🚀

蛤蜊蒸蛋

白蛤蜊16个
鸡蛋2个
料酒、葱段、
姜片、芝麻油、
盐各适量

1 蛤蜊放入淡盐水中浸泡30分钟，吐净泥沙，洗刷干净；锅中加水、料酒、葱段、姜片和蛤蜊，煮至蛤蜊全部开口后捞出，放在盘中。

2 鸡蛋打入碗中加少许盐，再加入比鸡蛋液多1.5倍的水充分搅匀，将蛋液过筛，滤出的部分不要，并且撇掉蛋液表层的气泡。

3 将蛋液倒入摆放蛤蜊的盘子中，用保鲜膜蒙住，等蒸锅里的水开后，转成小火，放入盘子，盖上锅盖蒸15分钟，最后淋芝麻油即可。

我要长高啦

蛤蜊的肉质鲜美无比，被称为"天下第一鲜"，而且低热量、高蛋白，属于物美价廉的海产品，是给孩子补铁补锌的良好食材。

长高指数：🚀🚀🚀🚀🚀

糯米500克
烤鸭腿1只
烧卖皮12张
松仁、生抽、
老抽、植物油、
盐各适量

1 糯米洗净，放在水中浸泡12小时，上蒸锅蒸熟；烤鸭腿去骨切丁。

2 油锅烧热，放入烤鸭腿肉丁和松仁炒香后，加入蒸熟的糯米中。

3 将生抽、老抽和盐加入糯米中搅拌均匀，烧卖皮中放入糯米馅，用手压成型，放蒸锅里蒸5分钟即可。

松仁烤鸭烧卖

我要长高啦

鸭肉属于禽肉类，富含蛋白质、铁、锌等营养素。松仁烤鸭烧卖属于高热量食物，可以为孩子补充能量，尤其是消瘦的孩子，可以适量摄入。

长高指数：🚀🚀🚀

预防肥胖：控制能量摄入

水果酸奶沙拉

酸奶1杯
草莓、苹果、
芒果、猕猴桃
各适量

1 草莓洗净，切块；猕猴桃、苹果、芒果分别洗净，去皮切块。
2 将酸奶倒入碗中，加入水果块拌匀即可。

长高指数：

我要长高啦

用酸奶替代沙拉酱，不仅减少了脂肪的摄入，而且酸奶富含蛋白质、钙，与水果做成沙拉，作为孩子的加餐，健康不长胖。

绿豆薏米粥

大米30克
薏米25克
绿豆25克

1 绿豆洗净，提前浸泡一夜；薏米、大米分别洗净，薏米浸泡2小时。
2 绿豆、薏米、大米放入锅中，加适量水，煮至豆烂米稠即可。

我要长高啦

绿豆属于杂豆类，薏米属于杂粮类，营养价值均高于大米，适量摄入有利于保证营养的均衡摄入。对于超重或肥胖的孩子，需要控制饮食总热量，晚上用杂粮粥代替白米粥，能相对减少热量摄入。

长高指数：

鸡丝荞麦面

熟鸡胸脯肉50克
荞麦面条80克
芝麻酱、
盐各适量

1 荞麦面条煮熟，捞出过凉开水，沥干盛盘。

2 芝麻酱加盐、凉开水，朝一个方向搅拌开，淋入荞麦面中。

3 熟鸡胸脯肉撕丝，与面拌匀即可。

我要长高啦

荞麦属于粗粮，富含膳食纤维，荞麦面条可以适量给孩子食用。鸡胸脯肉富含蛋白质，脂肪含量很低，适合肥胖的孩子食用。

长高指数：

麦香鸡丁

鸡胸脯肉50克
燕麦片50克
白胡椒粉、盐、
水淀粉、
植物油各适量

1 鸡胸脯肉洗净，切丁，用盐、水淀粉搅拌上浆。

2 油锅烧热，放入鸡丁滑油捞出；再加入燕麦片，炸至金黄，捞出沥油。

3 锅中留底油，加入炸好的鸡丁、燕麦片翻炒，加白胡椒粉、盐调味即可。

我要长高啦

燕麦片富含钙、铁、B族维生素、膳食纤维等营养素，与含蛋白质的鸡肉搭配，营养更全面。

长高指数：

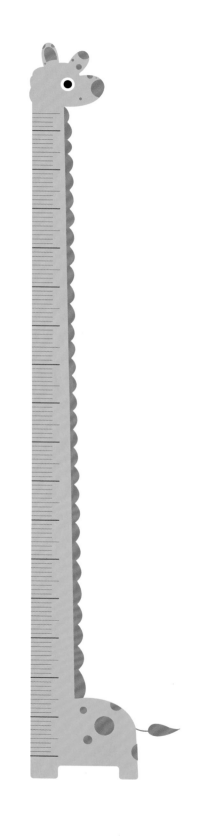